U0135934

easy money 66

第一次
投資原物料 圖解
陳育珩 著
就上手

了解原物料走勢的規律 66
Chapter 3

運用投資工具投資原物料 96
Chapter 4

5 Chapter 如何挑選第一檔原物料金融商品 154

《第一次投資原物料就上手》是針對想投資原物料金融商品，卻不知該如何下手的人製作。對於什麼是原物料、可投資的工具有哪些、該怎麼挑選、觀察進場時機，都提供循序漸進的解答。本書分成八個章節，每章都是針對初學者必須了解、實際應用的內容特別設計，讓你輕鬆閱讀、透徹了解。

篇名
依照投資流程來編排，可依據需求查詢相關篇章。

大標
每篇章必須認識、了解的重點，依照投資流程依序帶出說明。

內容
針對大標做出言簡意賅的說明，指出重點所在。

圖解
運用有邏輯的拆解圖式輔助說明，迅速掌握複雜概念。

---

3 了解原物料走勢的規律

進場前必須知道的行情與走勢

投資人在進場前，除了了解各種投資工具的報價方式外，更要知道這些報價內容中所隱含的重大訊息、以及各種數字變化所代表的含義，才不會盲從價格漲跌進行錯誤判斷。

掌握整體分類行情

　　無論是股票、基金、期貨等的投資工具，在各自的報價系統中都有編制產業分類，不同的投資工具分法會稍有不相同，但主要可分為農產品、能源、貴金屬、鋼鐵、天然資源等六項，投資前應先觀察大分類中的整體行情上漲或是下跌，這代表整體分類的大趨勢。

情況①如果趨勢上揚→表示這個分類中的大多數原物料產品都是走揚。

情況②如果趨勢下跌→表示這個分類中的大多數原物料產品都是下跌。

顏色辨識

方便閱讀及查詢,每篇章顏
色皆不同,依此辨別查詢。

> 股票是台灣投資人
> 最常使用的投資工具之
> 一,尤其喜好短期投資
> 者,但須注意,正是因為
> 股票買賣簡單、獲利快,
> 因此進場時機就成了獲
> 利關鍵,需要在這裡
> 多下工夫。

dr.easy

針對實務部分,
提供過來人的經
驗談。

STEP 1 充實原物料基礎知識

雖然原物料種類很多、相關知識相對繁雜,但其實只要了解包括
原物料的種類、供需雙方交易方式、市場運作模式等基本知識,就能
判斷目前原物料市場的情況,並分析是否有投資的可能性。(參見第
二章)

標籤索引

依篇章內容排列,
讓讀者對本篇主
題一目瞭然。

STEP 2 判斷原物料發展趨勢

利用手中掌握的資訊來判斷未來原物料可能的發展情況。包括原
物料的未來趨勢、供需雙方未來可能發生的情況、以及讀取可供判斷
的指標。一旦投資者能夠判斷原物料未來的發展趨勢,就能得知該檔
原物料是否值得投資、未來可獲利情況是否良好。(參見第三章)

step-by-step

以清晰明確的步
驟,說明整個學
習流程,學會如
何投資上手。

INFO 投資原物料股票需注意:

原物料股票的漲跌不一定會與該種原物料價格連動,例如當黃金價格高漲的時
期,並非每家黃金公司的股票都會上漲,股票往往與公司的體質、獲利盈餘、
經營方向有較大的關聯,這是投資人購買原物料股票時需要特別注意的地方。

info

重要數據或資訊,
輔助學習投資原
物料的相關知識。

原物行情走勢 看懂農產品趨勢 農產品未來趨勢 看懂金屬趨勢 金屬未來趨勢 看懂能源趨勢 能源未來趨勢 原物料間的關聯性

認識原物料

了解原物料的種類、市場形成過程、分布情形與投資標的，才能在投資時掌握資訊、判斷趨勢，輕鬆掌握投資脈動。

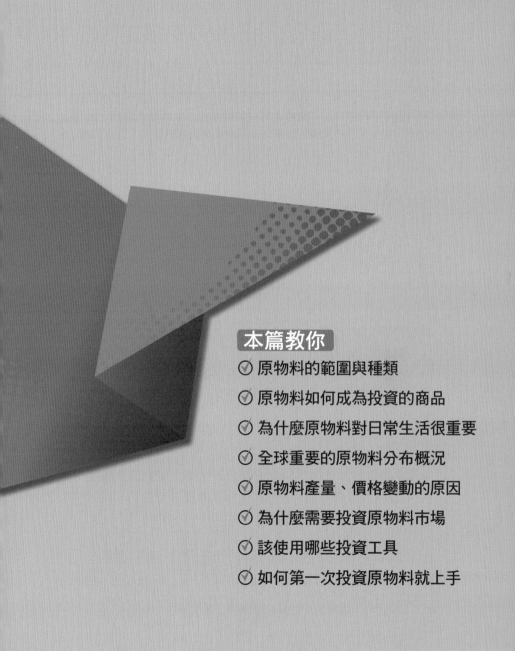

本篇教你

- ⊘ 原物料的範圍與種類
- ⊘ 原物料如何成為投資的商品
- ⊘ 為什麼原物料對日常生活很重要
- ⊘ 全球重要的原物料分布概況
- ⊘ 原物料產量、價格變動的原因
- ⊘ 為什麼需要投資原物料市場
- ⊘ 該使用哪些投資工具
- ⊘ 如何第一次投資原物料就上手

什麼是原物料？

日常生活中的食衣住行育樂，無不是以原物料做為基礎。包括了飲食的食材配料、穿用的各式用品、居住交通設施等的建材物料，這些基礎原料是維持人們生計、和組構這個世界不可或缺的要件，統稱為原物料。因為原物料的需求量大、供給量大、參與交易者眾多，因此也稱為「大宗物資」。

原物料的種類

為了供應世界人口的大量需求，原物料通常須經由大量的種植、開採、與提煉才足以供應給農業、工業、製造業等產業，加工製造成各式商品後在市場上交易買賣。目前在世界上交易的原物料大約有一百多種，主要可以分三大類：能源、金屬、農產品。

原物料

能源　　金屬　　農產品

① 農產品

農產品為一般農作物等農業原料。為人類大量栽種、種植的商品，主要提供人類食用外，也可將農產品做成其他食物、商品或養分，例如加工食品、餐點、肥料等。

農產品		
穀物	➡	玉米、稻穀、小麥、燕麥、大麥、黑麥…
軟商品	➡	可可、咖啡、棉花、大豆粉、大豆油、茶葉…
牲畜與飼料	➡	豬、牛、雞肉、蛋、飼料…
林木產品	➡	木頭、木材…

② 金屬

金屬是存在大自然中的一種物質。人類將金屬開採出來後，依照金屬不同的特性，例如延展性、容易導電、容易傳熱、具有光澤等，廣泛地應用在工業用途上。

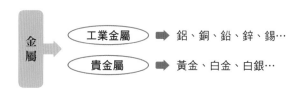

| 金屬 | 工業金屬 | ➡ | 鋁、銅、鉛、鋅、錫… |
| 貴金屬 | ➡ | 黃金、白金、白銀… |

③ 能源

能源是指透過燃燒、化學作用等方式產生電力、熱能，或能讓機械運轉的物質。這些能源中會隨著人類使用而愈來愈少的，稱為非再生能源。另外，不會因人類使用而減少的，稱為再生能源。

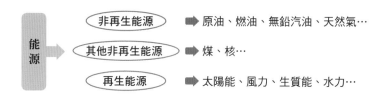

能源	非再生能源	➡	原油、燃油、無鉛汽油、天然氣…
其他非再生能源	➡	煤、核…
再生能源	➡	太陽能、風力、生質能、水力…

INFO 軟商品 vs. 硬商品

在早期的原物料市場中，農作物扣除穀物（玉米、稻穀、小麥、燕麥、大麥、黑麥等）後的農作物，如糖、棉花、可可、咖啡、茶葉等，因為不是必要的民生必需品，所以一般統稱為軟商品。相對的，穀類這類民生必需品與自古就被視為貨幣的金屬品，包括工業金屬與貴金屬，則統稱為「硬商品」。而硬商品在交易中，可依據各商品的價值直接進行等價交換。

原物料的供需市場

原物料中，農產品的種類最多，能源產品最為重要、影響層面最廣，而金屬品則是流動性最大。雖然原物料種類繁多，交易形式也略有不同，但大致而言，原物料市場的交易過程都是從原物料開採、栽種到加工、運輸、買賣，最後到達一般消費者手中。

原物料市場如何運作

原物料從開始生產到最後交到消費者手中，是一場全球化的交易過程，生產者與消費者可能分別位於地球的兩端，但因為有國際公司的運作、交易市場的買賣，讓現今的消費者很容易地購買到世界各國的原物料商品。

原物料生產者

全球各地種植農產品的農夫、開採金屬的礦產公司、以及探採能源的能源公司，這三個原物料生產者提供了全球民眾所需的原物料商品。

原物料市場
是指供應方（如生產者、初級經銷商），與需求方（如國際原物料公司），雙方進行原物料交易的市場。原物料市場並不限於一個地方、單一個買家或賣家，只要有交易行為成立，都稱為原物料市場。

國際原物料公司

因原物料商品是全球流動的，並不限於一個地區或國家，因此國際原物料公司，例如小麥國際公司，會在世界各地收購生產者、初級經銷商所生產、販售的原物料。

零售市場
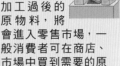
最後，分裝加工過後的原物料，將會進入零售市場，一般消費者可在商店、市場中買到需要的原物料商品。

提煉、分裝、銷售
當國際原物料公司買進原物料後，就會將商品轉售給不同地區的中小型原物料公司，由這些公司進行提煉、分裝的加工流程，然後再販售至各國家、地區。

全球原物料生產者

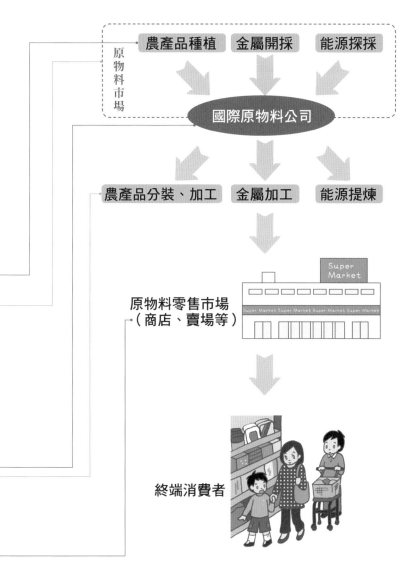

原物料市場

農產品種植　金屬開採　能源探採

↓

國際原物料公司

↓

農產品分裝、加工　金屬加工　能源提煉

↓

原物料零售市場
（商店、賣場等）

Super Market

Super Market Super Market Super Market Super Market

↓

終端消費者

為什麼原物料很重要？

無論是農產、礦產或能源，當供給不足時，除了物資缺乏造成物價波動外，對於原物料商品的爭奪，也可能導致戰爭的發生。因此，原物料資源可說是影響各國經濟與政治發展的重要關鍵。未來，隨著人口的增加，原物料的消耗也會與日俱增，原物料所扮演的角色也會愈顯重要。

三大類原物料的重要之處

原物料中，農產品、金屬、能源對民生生活皆有各自的重要性；在經濟活動中，這三者扮演的角色也不一樣，所影響的層面、造成的損失和傷害結果也不盡相同。

① 農產品

農產品是人主要的糧食來源，當糧食供應不足時就會發生飢荒、甚至糧食戰爭。某些農產品如玉米，大部分用來飼養生禽，因此當這類作物發生短缺時，也會間接影響肉品的供應情況。另外，咖啡、糖等產品也是重要的貿易商品，若發生短缺將對經濟貿易造成影響。

實例

2007 ～ 2008 年 供給	美洲、澳洲與中國乾旱→小麥收成銳減→市場供給量減少→生產大國開始限制出口→小麥進口數量銳減、成本提高。
2007 ～ 2008 年 需求	近十年來平均每年增加 7.6 億人→主要集中在開發中國家→開發中國家經濟成長強勁、對糧食需求大增。

糧食價格出現 30 年來最激烈的漲幅，導致仰賴小麥進口的國家如台灣，小麥製品價格飆漲（如麵包）。

② 金屬

金屬品為工業的基礎，當一個國家大力發展經濟時，也會大量需求鋼鐵、銅礦等製造建築、汽車等的工業原料，若此時金屬品短缺或供應不足，發展就會受到影響。此外，黃金為各國的儲備貨幣，貨幣內含一定量的黃金準備，當黃金短缺時，政府會直接降低紙幣與金、銀的兌換價值，造成貨幣貶值。

實例

近十年需求	2008 年國際金融危機→指標性貨幣美元貶值→黃金保值功能再度受重視→各國為維持經濟不受損害而儲備黃金→刺激投機性需求的投資者跟進→黃金供不應求。
近十年供給	全球金礦產量從 2003 ～ 2008 年每年減少 1.1％→黃金勘探難度提升→開採成本增加→黃金價格上漲。

黃金價格居高不下，中國的投資者更是爭相購買，直到 2013 年美國聯準會（Fed）預期經濟開始好轉才削減刺激。

③ 能源

石油、煤、天然氣等能源產品是維持現代生活運行的重要商品，也是經濟發展的源頭，當能源產品減少、或是供應吃緊時，會連帶影響各種商品的價格上揚，造成物價不平穩，對人民生活帶來很大的沖擊。

實例

仰賴石油進口的台灣，企業經營成本上漲，如運輸、石化原料等成本，一旦企業獲利被侵蝕就會開始提高物價，此時人民會感覺錢變小（購買力減少），所以消費行為變保守，最終導致台灣整體經濟衰退。

2011 年需求	國際間對石油的需求有增無減→加上中國、印度積極發展經濟→石油需求倍增→石油價格上漲→購買原物料的成本上漲
2011 年供給	突尼西亞民主革命、利比亞內戰，非洲與中東產油國政治情勢不穩定→石油產量與外銷減少→石油價格上漲。

1 認識原物料

全球重要原物料的分布

全球原物料的分布情況，因產品的不同而有很大的差異。藉由了解各種原物料的分布趨勢，將能依據該國目前發生的經濟、政治或突發事件，搶先掌握原物料的未來走向與發展概況。雖然分布情況會隨著時間更迭而有些微差異，但整體而言，全球重要原物料的分布相當穩定、市場也日趨成熟。

全球農產品的分布情形

　　農產品方面，分為黃豆、玉米、小麥、稻米、咖啡、與肉品等。近年來因新興國家經濟快速成長導致需求增加，許多糧食的價格也因此高漲，農產品出口國的動向也廣受注目。

1 加拿大：肉品、小麥、玉米
2 美國：黃豆、玉米、肉品、小麥
3 墨西哥：玉米、咖啡
4 瓜地馬拉：咖啡
5 宏都拉斯：咖啡
6 哥倫比亞：咖啡
7 祕魯：咖啡
8 巴西：咖啡、肉品、黃豆、
　　玉米、稻米
9 巴拉圭：肉品
10 烏拉圭：肉品
11 阿根廷：黃豆、玉米、肉品
12 歐盟：小麥、玉米、肉品
13 烏克蘭：玉米、小麥
14 土耳其：小麥
15 伊索比亞：咖啡
16 南非：玉米
17 俄羅斯：小麥
18 中國：稻米、玉米、小麥、
　　黃豆

19 日本：稻米
20 巴基斯坦：小麥
21 印度：稻米、小麥、
　　肉品、黃豆
　　咖啡、玉米
22 孟加拉：稻米
23 緬甸：稻米
24 泰國：稻米
25 越南：稻米、咖啡
26 菲律賓：稻米
27 印尼：稻米、咖啡
28 澳洲：肉品
29 紐西蘭：肉品

1、**黃豆生產國前五名**：美國、巴西、阿根廷、中國、印度。

2、**玉米生產國前十名**：美國、中國、歐盟、巴西、阿根廷、墨西哥、印度、南非、烏克蘭、加拿大。

3、**小麥生產國前十名**：歐盟、中國、印度、美國、俄羅斯、澳洲、巴基斯坦、加拿大、土耳其、烏克蘭。

4、**稻米生產國前十名**：中國、印度、印尼、孟加拉、越南、泰國、緬甸、菲律賓、巴西、日本。

5、**咖啡生產國前十名**：巴西、越南、哥倫比亞、印尼、伊索比亞、印度、墨西哥、瓜地馬拉、宏都拉斯、祕魯。

6、**肉品生產國前十名**：巴西、澳洲、美國、印度、紐西蘭、加拿大、烏拉圭、歐盟、阿根廷、巴拉圭。

全球金屬的分布情形

　　礦產方面，分為金、銀、白金、鐵、銅等數種，其中金、銀、白金又被稱為貴金屬，顧名思義，就是產量較少的貴重金屬，常被視為無風險資產的投資標的。其他如鐵、銅，相較之下蘊藏較豐富，用途也十分廣泛。

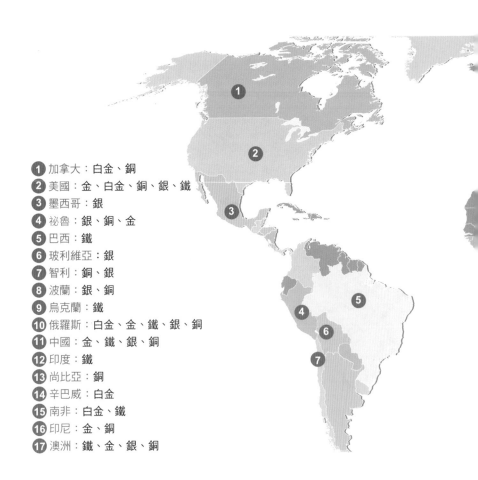

❶ 加拿大：白金、銅
❷ 美國：金、白金、銅、銀、鐵
❸ 墨西哥：銀
❹ 祕魯：銀、銅、金
❺ 巴西：鐵
❻ 玻利維亞：銀
❼ 智利：銅、銀
❽ 波蘭：銀、銅
❾ 烏克蘭：鐵
❿ 俄羅斯：白金、金、鐵、銀、銅
⓫ 中國：金、鐵、銀、銅
⓬ 印度：鐵
⓭ 尚比亞：銅
⓮ 辛巴威：白金
⓯ 南非：白金、鐵
⓰ 印尼：金、銅
⓱ 澳洲：鐵、金、銀、銅

1、**金生產國排行**：中國、澳洲、美國、俄羅斯、祕魯、印尼。

2、**銀生產國排行**：祕魯、墨西哥、中國、澳洲、智利、俄羅斯、玻利維亞、美國、波蘭。

3、**白金生產國排行**：南非、俄羅斯、辛巴威、加拿大、美國。

4、**鐵生產國排行**：中國、澳洲、巴西、印度、俄羅斯、烏克蘭、南非、美國。

5、**銅生產國排行**：智利、祕魯、中國、美國、澳洲、印尼、尚比亞、俄羅斯、加拿大、波蘭。

① 認識原物料

全球能源的分布情形

　　能源方面，分為石油、煤炭與天然氣。這三種都是非常重要的燃料，一旦供給不穩定，將會導致全球經濟發展陷入危機。尤其對某些資源缺乏的國家，能源大多仰賴進口，當供給國政治局勢不穩定時，能源進口國就會連帶受到影響，因此各國對於能源的供應情況都十分重視。

INFO 蘊藏量 vs. 生產量

石油、煤炭、金屬等資源是有限的，會隨著消費量增加而逐漸減少、逐步枯竭。這類有限的資源在地球上存在的數量，稱為「蘊藏量」。而每年實際開採出的數量，則稱為「生產量」。

❶ 加拿大：天然氣、石油
❷ 美國：天然氣、煤炭、石油
❸ 墨西哥：石油
❹ 委內瑞拉：石油
❺ 挪威：天然氣
❻ 哈薩克：石油
❼ 俄羅斯：石油、天然氣、煤炭
❽ 中國：煤炭、石油、天然氣
❾ 阿爾及利亞：天然氣
❿ 利比亞：石油
⓫ 奈及利亞：石油
⓬ 伊拉克：石油
⓭ 伊朗：石油、天然氣
⓮ 科威特：石油

⓯ 沙烏地阿拉伯：石油、天然氣
⓰ 阿拉伯聯合大公國：石油
⓱ 卡達：天然氣
⓲ 印度：煤炭
⓳ 南非：煤炭
⓴ 印尼：煤炭、天然氣
㉑ 澳洲：煤炭

1、**石油蘊藏量排行**：委內瑞拉、沙烏地阿拉伯、伊朗、伊拉克、科威特、阿拉伯聯合大公國、俄羅斯、利比亞、哈薩克、奈及利亞。

2、**石油生產國排行**：俄羅斯、沙烏地阿拉伯、美國、伊朗、中國、加拿大、墨西哥、阿拉伯聯合大公國、科威特、委內瑞拉。

3、**煤炭生產國排行**：中國、美國、澳洲、印度、印尼、俄羅斯、南非。

4、**天然氣生產國排行**：美國、俄羅斯、加拿大、伊朗、卡達、挪威、中國、沙烏地阿拉伯、印尼、阿爾及利亞。

原物料產量與價格的變動

當原物料生產國的政治、經濟等人為活動，或是氣候、天災等自然活動異常時，都會影響原物料的生產量。隨著產量的不同，原物料市場的價格也會跟著波動。三大原物料的產品分類中，影響農產品、金屬品與能源產品的因素各不相同，影響的程度也會因生產國別而有差異。

影響原物料變動的因素

　　所有原物料皆可分成對供給面的影響與對需求面的影響。在需求面，不外乎是新興國家崛起，其國內經濟發展提升、人口增加，導致對原物料的需求增加。而政策、氣候、政治局勢等因素則是影響原物料產品的供給面。

①農產品

需求面	人口	➡ 人口的增加直接影響該國對食物的需求，需求增加後，基本糧食如黃豆、小麥、稻米等做為主食的農作物連帶價格上升。
	新興國家	➡ 新興國家的興起，提高了該國經濟發展與人民生活品質，對於咖啡、肉類等奢侈商品的需求會增加，造成農產品需求量也跟著提高。
供給面	氣候	➡ 全球氣候的變遷，造成農產品產量不穩定，例如黃豆、小麥、稻米的產國都曾因氣候改變造成農作歉收，使得國際農產品價格攀升。
	災害	➡ 突發性的天然災害發生，如禽流感、狂牛症、口蹄疫等，會造成肉品的供應減少，導致肉品價格攀升。

| 種植方式 | ➡ | 咖啡種植方式分為主種年與復種年,主種年的收成量大,價格容易下滑;復種年收穫量較小,價格容易攀升。 |

| 政策 | ➡ | 各國家對於農產品都會實施庫存政策,不管決定減少或增加庫存量,都將直接影響農產品價格。另外,環保議題的興起,對於栽種條件的訂定、或農藥使用的控管,也會影響到農產品的產量,進而影響價格。 |

② 金屬

需求面

| 消費大國需求量大增 | ➡ | 中國和印度近幾年經濟發展提升,對黃金的消費量大增,進而影響整體黃金市場的價格。 |

| 產業需求 | ➡ | 銀、白金可做為汽車、牙科、電線等工業用材料,當這些產業的產品需求增加時,相對應的生產原料需求也會增加。 |

供給面

| 供給國政策 | ➡ | 供給國家的開採政策會影響金屬的產量,例如限制出口量、限制開採量都會直接影響產量,進而影響金屬市場的價格。 |

③ 能源

需求面

| 新興國家 | ➡ | 近幾年,新興國家經濟繁榮,對於基礎能源如石油、煤炭、天然氣的需求大增,直接影響能源的價格攀升。 |

供給面

| 產地政治 | ➡ | 產地的政治局勢會直接影響到開採的數量,尤其石油價格波動受到政治情勢影響的幅度最為劇烈。 |

| 政策 | ➡ | 戰備儲油的政策改變、或是開採政策的訂定,都會影響到能源的開採數量,造成能源價格的波動。 |

為什麼要投資原物料？

許多人認為，原物料的種類過於複雜投資不易、不相信原物料漲幅可以持續成長、或認為其漲幅沒有股市強勁，因而對於原物料投資望之卻步。但實際上，投資理財的方式雖然很多，精化投資標的，懂得分配資產與分散投資才是長期獲利的關鍵，而原物料就是一門領域夠廣、容易具體掌握，可以長期持有、且能分配資產的優良投資對象。

投資原物料的原因

投資原物料的原因除了原物料的特性與趨勢容易被理解、且不容易被特定人士操控外，還能對抗通貨膨脹（以下簡稱通膨）、且種類繁多可分散風險，這些都是投資原物料的優點。

① 原物料與民生息息相關

投資的時候，若能先了解投資標的物，將有助提高投資成功率。由於原物料和日常生活息息相關，相關投資訊息很容易被解讀，因此，從身邊熟悉、或挑選自己較有興趣的標的物來投資，都是相當適合的做法。另外，由於原物料種類繁多，選擇熟悉或有興趣者將更有助於投資的獲利。

② 原物料可以分散投資風險

原物料投資工具眾多，有股票、基金、ETF、期貨、選擇權等。此外，原物料的投資標的也很廣泛，從農產品、能源、金屬都是可投資的範圍，投資人可選擇相對有利的投資方式來分散投資的風險。

③ 原物料是對抗通貨膨脹的最佳標的

　　一般來說，當原物料價格大漲時會造成通貨膨脹，導致相同的金額但實際能夠購買的東西卻變少。此時，若不進行投資，購買力會隨通膨而下降。反之，若投資原物料標的物，則可利用投資端的獲利來彌補通膨所造成的購買力損失。此外，也可利用買進實體原物料，例如黃金，以持有實體價值的物品來彌補通膨造成的損失。

④ 原物料價格趨勢容易判斷

　　影響原物料價格的因素相對簡單，主要為供給與需求面的變化。只要能掌握未來投資標的物的供給與需求趨勢，就能判斷原物料市場的價格走向。另外，原物料市場不易受到特定人士操縱，不容易混淆投資人的判斷基準。

⑤ 原物料的價格難以操縱

　　原物料皆為全球市場，不容易被單一個企業、或國家操控，例如當有人炒作原物料把價格拉高時，全球有能力生產的供給者就會提供更多的產量以賺取較高的利潤，但供給量一旦增加、甚至供給過剩，最後反而造成價格崩盤。因此，就算短期被操控，長期仍會回到供給與需求的基本面上。

原物料的投資工具

與原物料相關的金融商品大致可分為股票、基金、ETF、期貨、選擇權五種。這些投資工具都與原物料有關，但投資方式、投資對象卻大不相同，因此所需的資金、風險、及投資過程也有所差別。投資前必須先了解各種原物料的特質與對應金融商品的種類，才能挑選出適合自己的投資標的物。

原物料的投資工具和金融商品

原物料市場發展已久、且投資工具種類眾多，投資方式也非常平民化，因此，只要對這些投資工具有一定的認識，並了解投資方式與風險性，投資原物料一點都不難。

① 股票

投資人可以透過股票市場購買自己喜歡的原物料公司的股票，成為這家公司的股東，藉此享有該公司獲利成長的利潤，也可以透過買進賣出股票，進行套利。

INFO **股價漲跌不一定與原物料價格直接連動**

原物料股票的漲跌不一定會與該種原物料價格連動，例如當黃金價格高漲時期，並非每家黃金公司的股票都會上漲，股票往往與公司的體質、獲利盈餘、經營方向有較大的關聯，這是投資人購買原物料股票時需要特別注意的地方。

❷ 基金

基金是由基金經理人選定值得投資的原物料標的物，包括生產、買賣原物料公司所組成的股票。共同基金的經營者會列出該公司發行的每檔基金，並註明每檔基金投資的原物料公司名稱與投資比重，提供投資人投資時參考。當投資人決定投資某一檔共同基金後，共同基金的經營者就會將所有投資人的投資金額集中，投資在相關的原物料公司上，共同基金經營者會酌收費用，最後將賺取的利潤發還給投資人。

❸ ETF

「ETF」英文為Exchange Traded Funds，通稱為指數型股票基金，投資項目是以指數做為績效表現。原物料ETF是指一群連結原油、貴金屬、基本金屬、農產品等原物料股票、期貨的投資工具。例如，投資人看好未來石油價格將會上漲，就可以買進連結石油價格的ETF，反之，如果投資人看好未來石油公司的獲益，就可以買進連結一群石油公司的石油類股ETF。等待購買的ETF上漲後，再將其賣出賺取利潤。ETF反映的就是大盤整體的趨勢，投資人只要看對大趨勢，就可以避免選錯個股的問題。

ETF
- 原物料股票（買賣股票）
- 原物料期貨（買賣期貨合約）
- 原物料實體
- 連結原物料股票價格指數
- 連結原物料期貨價格指數

④ 期貨、選擇權

投資人交易的是原物料商品的期貨合約。投資人在期貨市場開設期貨帳戶後，存入保證金（類似買賣房屋訂金的概念）後，即可以小搏大操作高於保證金價格的原物料商品。投資者建立合約部位後可持有到合約到期日，但更多人會在持有期間在商品合約有好價格時脫手轉給其他投資人，從中獲取利潤。

⑥ 實體商品

原物料是指實際存在的原物料商品。但因在日常生活中直接使用的數量少，也有運輸和保存的問題，因此很少人會直接購買實體商品進行投資。其中，最受一般人青睞的就是金、銀等貴金屬，購買方式就是直接買進實體條塊或硬幣來保值。

不同投資工具比一比

　　隨著投資標的物的不同，所需要投入的成本、承擔的風險、以及報酬率也都不盡相同。另外，有的原物料投資工具會定期配息、有的則是與實體原物料價格關聯性較大，每一種投資工具都有不同的特性與需要觀察的要點。

投資工具	股票	基金	ETF	期貨	選擇權	實體商品
投資標的	股票	股票	指數	商品價格	商品價格	實體原物料
投資成本	約1萬元	約數千元	約數千元	約15萬元	約15萬元	約數千元
追蹤原物料價格	否	否	接近	100%	100%	接近
股利	部分有	部分有	部分有	無	無	無
風險	中	低	低	高	高	中
報酬率	中	低	低	高	高	中

投資人可以從投資成本、風險程度與報酬率看出，低報酬、低風險，相對的，高報酬也隱含著高風險，投資人在投資前一定要先了解這點，在自己能運用的資金範圍內量力而為。（參見第五章）

如何第一次投資原物料就上手？

對於第一次投資原物料的新手來說，必須按照規定的步驟、補足相關的知識，並從中挑選出適合自己的投資標的物，投資原物料才會有效益。入門方法包括了，充實基礎知識、判斷發展趨勢、認識投資工具、熟悉投資方式、增進投資技巧、及了解市場信號。

第一次投資原物料就上手的步驟

原物料投資步驟看似簡單，但所需具備的資訊和種類繁多，若能按照以下步驟逐步了解每個環節的內容資訊，將更能得心應手地投資原物料。

STEP 1 充實原物料基礎知識

雖然原物料種類很多、相關知識相對繁雜，但其實只要了解包括原物料的種類、供需雙方交易方式、市場運作模式等基本知識，就能判斷目前原物料市場的情況，並分析是否有投資的可能性。（參見第二章）

STEP 2 判斷原物料發展趨勢

利用手中掌握的資訊來判斷未來原物料可能的發展情況。包括原物料的未來趨勢、供需雙方未來可能發生的情況、以及讀取可供判斷的指標。一旦投資人能夠判斷原物料未來的發展趨勢，就能得知該檔原物料是否值得投資、未來可獲利情況是否良好。（參見第三章）

STEP 3 認識原物料投資工具

清楚地了解每一種投資工具的使用、操作方式、資金需求與風險程度後，才能從中挑選出適合自己投資的標的物，不讓自己的投資腳步被市場的混亂訊息而擾亂。（參見第四章）

STEP 4 熟悉原物料投資方式

清楚了解原物料的投資方式與過程，熟悉投資的每一個步驟後，才能精準掌握投資標的物的買賣程序，以利投資的操作。（參見第五章）

STEP 5 增進原物料投資技巧

了解原物料投資基本面與技術面的資訊，包括了技術指標的判讀、技術面的趨勢掌握，並利用投資市場的數據指標判斷投資標的物的狀況。（參見第六章）

STEP 6 具備原物料的投資管理知識

也就是了解各種原物料投資市場的相關警示訊號、先行指標，利用警示訊號、先行指標判斷出場與持續投資的時間點，做好有效的原物料投資管理。（參見第七、八章）

Chapter

認識原物料市場

原物料的交易市場與一般大眾熟知的零售市場交易方式有些不同，而且交易的過程與交易的廠商也比一般產品來得複雜。因此，投資人必須先了解原物料的市場樣貌、市場中的供給者與需求者、交易運作模式，才能精準分析想投資的標的物。

本篇教你

- ⊘ 原物料市場如何運作
- ⊘ 認識原物料市場的種類
- ⊘ 供應各種原物料的主要國家
- ⊘ 需要各種原物料的主要國家
- ⊘ 原物料市場中的龍頭供應廠商
- ⊘ 原物料市場中的龍頭需求廠商
- ⊘ 全球的主要原物料交易市場

什麼是原物料市場？

任何商品，只要有一定的需求者和供給者、商品流通數量大，就足以構成一個市場。隨之而來的便是約定所有參與者必須遵守的規則、與特定的交易場所，朝向功能更為齊全、過程更為公開透明的交易目標發展。原物料市場也是如此。

原物料市場的發展進程

最早創立時期
- 最早是在一八四八年時，由美國芝加哥的一群商人共同設立。
- 為會員制組織，僅提供交易所內的會員買賣大宗商品的集中交易場所。

↓

設立合約制度
- 芝加哥交易所內的買家與賣家除了當天的現貨交易外，更發展出了遠期的交易契約。
- 遠期契約是買方與賣方為了規避價格波動，所簽訂的買賣契約。

買方
如：玉米農人

+

賣方
如：玉米加工廠

情況① 雙方同意

簽訂契約

情況② 雙方不同意

契約無法成立

交易合約規格化

隨著遠期交易愈來愈熱絡，買賣雙方便將契約細節規格化，開始了新的交易模式，而這也是最早的期貨契約。

舊式遠期交易 →

- 契約皆由買賣雙方自行訂定，雙方必須找到願意配合者才能簽訂合約。
- 缺乏監督機制，容易發生違約。

新式遠期交易 →

- 期交所扮演第三者的監督功能。
- 合約條件統一化，明定交割時間、交割地點、交割數量等等。

期貨交易制度確立

- 各地開始陸續成立交易所，例如芝加哥商品交易所（CBT）、堪薩斯商品交易所（KCBT）、紐約商品交易所（NYMEX）等。
- 風潮蔓延至全球，總計超過二十個國家都設有商品交易所。

原物料交易所

成交價格由供需（買、賣）雙方共同決定。

賣方

- 原物料生產商如：玉米生產商。
- 賣原物料期貨合約的投資人。

買方

- 原物料經銷、零售、加工商、肉品批發商。
- 賣原物料期貨合約的投資人。

原物料市場的分類

原物料商品被種植、開採或是提煉出來後,都是以大批數量進行交易流通。原物料商品因為交易方式的不同,而有三種不同類型的交易市場,分別是現貨交易、遠期契約、期貨交易。一般而言,投資上所稱的原物料市場,是指原物料的交易場所在期貨交易所內,並以契約約定未來交貨的形式來買賣的交易活動,商品價格也是指期貨交易所內供需雙方決定的價格。

現貨市場 VS. 遠期契約 VS. 期貨市場

以下,就來比較這三種交易方式的不同:

① 現貨市場

現貨市場是以現金、現貨直接進行交易的行為。例如,到便利超商買一包餅乾、到百貨公司買一件衣服,這些交易都是買方與賣方談好價格與貨品數量、品質、規格等條件後,直接進行交易,就銀貨兩訖了。

消費者	現貨市場	生產者
例如:咖啡店老闆	例如:量販店	例如:咖啡豆農人

② 遠期契約

商品現貨交易模式建立後,消費者和生產者仍擔心萬一原物料商品在未來交易時價格波動太大,會影響自己的利潤,於是,雙方便約定在未來某一特定時點,以交易當時約定的價格交付原物料商品。這種交易合約內容由買賣雙方自己訂定,沒有一定的標準。

8 月 1 日

不必擔心咖啡的價格在未來上漲，使得購買成本提高。

買方

賣方

不必擔心咖啡的價格在未來下跌，使自己的收入減少。

雙方在 8 月 1 日約定在 2 個月後以 30 萬元買進、賣出 3 噸咖啡豆。

契約到期 9 月 30 日當天，不論當時市場上的咖啡價格是多少，雙方都必須以約定的 30 萬元買進、賣出 3 噸咖啡豆。

9 月 30 日

③ 期貨市場

　　雖然遠期契約可預防買賣時的交易波動，但契約缺乏標準化的交易方式而有違約的風險，於是期貨市場因此產生。期貨是消費者和生產者雙方透過期貨交易所，約定於未來某一特定時點，以約定的價格交易原物料商品的合約。合約中有明定交易標的物的品質、數量、交割日期與地點等條件，以增加交易的安全性、方便性與時效性。

買方
①未來有咖啡豆需求的消費者。
目的→避險
②預期未來咖啡豆合約會上漲（下跌）的投資者。
目的→投資

咖啡期貨市場

賣方
①未來可供應咖啡豆的生產者。
目的→避險
②預期未來咖啡豆合約會下跌（上漲）的投資者。
目的→投資

INFO 期貨市場中有不同目的的投資人

在期貨市場中，買賣的商品是期貨合約，此時參與者已經不單是對咖啡有供給、需求的人，期貨合約制度讓投資人可以不必囤積一大堆實體商品就能達到投資的目的。透過仲介機構，投資人可以買進期貨合約，並在契約到期前將契約賣出賺取價差。目前全世界已成立許多原物料期貨市場，除了提供給持有這些大宗商品的生產商進行避險、買賣外，也提供了投資人套利的空間。

全球原物料市場的主要供給國家

隨著經濟發展、民生需求，每個國家都需要大量的原物料。但是，全球原物料產量有限、且分布大都集中在某些特定國家，使得這些國家在無形中掌握了原物料產品的供應鏈。因此，若想要掌握投資訊息，可藉由觀察、分析這些原物料生產大國的供應情況，做為投資判斷的基準。

全球原物料的主要生產國家、供給種類

　　全球有一百多個國家，但原物料的生產國卻非常集中，僅有少數國家能夠量產原物料。雖然資源分配相當不公，但對於投資人在觀察上卻十分簡便，只需掌握幾個產量相對較大的國家即可。

◆ 農產品

區域	國家	供給的原物料產品
美洲	美國	黃豆、小麥、玉米、牛肉、豬肉、雞肉
	加拿大	黃豆、小麥、玉米、豬肉
	阿根廷	黃豆、玉米、牛肉、雞肉
	巴西	黃豆、玉米、稻米、咖啡、牛肉、豬肉、雞肉
	墨西哥	玉米、咖啡、牛肉、豬肉、雞肉
	哥倫比亞	咖啡
	瓜地馬拉	咖啡
	洪都拉斯	咖啡
	祕魯	咖啡
歐洲	歐盟	小麥、玉米、牛肉、豬肉、雞肉
	俄羅斯	小麥、豬肉、雞肉
	烏克蘭	小麥、玉米
	土耳其	小麥
中東	巴基斯坦	小麥、牛肉
	伊朗	雞肉
亞洲	中國	黃豆、小麥、玉米、稻米、牛肉、豬肉、雞肉
	印尼	稻米、咖啡
	印度	黃豆、小麥、玉米、稻米、咖啡、牛肉、雞肉
	孟加拉	稻米
	越南	稻米、咖啡、豬肉
	泰國	稻米
	緬甸	稻米
	菲律賓	稻米、豬肉
	日本	稻米、豬肉

	伊索比亞	咖啡
非洲	南非	玉米、雞肉
大洋洲	澳洲	小麥、牛肉

◆ 金屬產品

區域	國家	供給的原物料產品
美洲	美國	金、銀、白金、鐵、銅
	加拿大	白金、銅
	智利	銀、銅
美洲	墨西哥	銀
	祕魯	金、銀、銅
	玻利維亞	銀
	巴西	鐵
歐洲	波蘭	銀、銅
	俄羅斯	金、銀、白金、鐵、銅
	烏克蘭	鐵
亞洲	中國	金、銀、鐵、銅
	印尼	金、銅
	印度	鐵
非洲	辛巴威	白金
	南非	金、白金、鐵
	尚比亞	銅
大洋洲	澳洲	金、銀、鐵、銅

◆ 能源產品類

區域	國家	供給的原物料產品
美洲	美國	石油、天然氣、煤炭
	加拿大	石油、天然氣
	墨西哥	石油
	委內瑞拉	石油
歐洲	挪威	天然氣
	俄羅斯	石油、天然氣、煤炭
中東	伊朗	石油、天然氣
	沙烏地阿拉伯	石油、天然氣
	阿拉伯聯合大公國	石油
	科威特	石油
	卡達	天然氣
亞洲	中國	石油、天然氣、煤炭
	印尼	天然氣、煤炭
	印度	煤炭
非洲	阿爾及利亞	天然氣
	南非	煤炭
大洋洲	澳洲	煤炭

全球原物料市場的供應大廠

在原物料市場中，供給、需求方通常來自不同的國家，因此，大型的原物料公司都以提供全球跨國的服務為主。透過原物料市場的運作，將生產地的原物料交易到世界各個有需要的地區。另外，也能透過了解這些主要供應商，藉此分析原物料的供應情況、投資動向。

農產品

在農產品的交易市場中，農產品的供給企業相對較為單純，為各種農產品的生產、供應廠商。可大致區分為兩種，提供農業、畜牧業、林業農產品的生產商，以及將農產品分裝、加工後的經銷商。

金屬產品

金屬商品的交易市場中，供應者主要可以分為兩個部分，一種為開採金屬的採礦公司，主要工作是將金屬礦區中的金屬原料開採出來。另一種則是供給金屬原料的公司，主要工作是將開採出來的金屬原料，加工、分類、經銷，如黃金公司、鋼鐵廠等。也有超大型的全球綜合型公司，從開採到加工、銷售都一手包辦。

能源產品

能源產品交易市場中的供給方，相較於農產品與金屬產品，種類略為多樣。包括了石油與天然氣鑽井的探勘公司、煤炭的開採公司、能源設備與服務的供應商、能源煉製公司、能源儲存、運輸公司、以及具備二～三項業務的綜合性能源產業公司。這些公司主要是將能源從地底開採出來後，經過煉製、運輸、儲存，最後送達交易市場，供應給市場中的需求者。

全球農產品的主要供應商

以穀物來說，大部分的供應商都是小型交易商為主。他們活躍於當地各個期貨交易市場。除了生產農產品的供應商外，另外還有包括農機設備的廠商、肥料或基因改造廠商等與農產品原物料有相關的企業。

◆ 農產品供應商

種類	國家	公司名稱	商業模式
稻米	美國	Riceland Foods	收集・加工・經銷
穀物	美國	Archer Daniels Midland Company	・全球穀物產品龍頭 ・收集・加工・經銷
	美國	Bunge Limited	・全球穀物產品龍頭 ・收集・加工・經銷
糖	巴西	Cosan Limited	・佔全球產出 2.5% ・收集・加工・經銷
	法國	Louis Dreyfus Commodities Group	・甘蔗製糖 ・收集・加工・經銷

◆ 農產品相關廠商

種類	國家	公司名稱	商業模式
農機設備製造廠商	美國	Case New Holland Global NV	設備生產
	美國	Deere & Company	設備生產
肥料	美國	The Mosaic Company	肥料生產
	加拿大	The Potash Corporation of Saskatchewan Inc	肥料生產
	美國	Monsanto Company	肥料生產
	智利	Sociedad Quimica y Minera de Chile	肥料生產
基因改造	美國	Monsanto Company	製造生產
	美國	Nestle S.A.	製造生產

全球金屬的主要供應商

金屬原物料供給者包括採礦公司、生產公司、加工製造廠商、以及專門收購金屬再加工販售成其他商品的廠商。

◆ 金屬供應商

種類	國家	公司名稱	商業模式
金屬與採礦	澳洲	BHP Billiton Ltd	・全球前二大 ・製造生產
	英國	Anglo American plc	製造生產
	英國	Rio Tinto Group	・全球前二大 ・製造生產
	美國	Newmont Mining Corporation	製造生產
銅	中國	江西銅業股份有限公司	製造生產
	日本	Sumitomo Metal Mining Co., Ltd	製造生產
	墨西哥	Grupo Mexico SAB de CV	製造生產
鎳	俄羅斯	MMC Norilsk Nickel	製造生產
鋁	中國	中國鋁業股份有限公司	製造生產
	美國	Alcoa Inc	製造生產
黃金	加拿大	Barrick Gold Corp	・全球最大 ・製造生產
	加拿大	Goldcorp Inc	製造生產
	南非	AngloGold Ashanti Ltd	製造生產
	南非	Gold Fields Ltd	製造生產

白銀	美國	Fresnillo Plc	製造生產
		Pan American Silver Corporation	製造生產
		Polymetal International plc	製造生產
		Coeur Mining, Inc.	製造生產
		The Calumet and Hecla Mining Company	製造生產
白金	澳洲	Rio Tinto Group	製造生產
	南非	Impala Platinum Holdings Limited	・全球前三大 ・製造生產
	南非	Anglo American Platinum Limited	・全球前三大 ・製造生產
	英國	Lonmin plc	・全球前三大 ・製造生產
鋼鐵	澳洲	Fortescue Metals Group Ltd	製造生產
	中國	鞍鋼新軋鋼股份有限公司	製造生產
	中國	北京首鋼股份有限公司	製造生產
	中國	武漢鋼鐵股份有限公司	製造生產
	中國	寶山鋼鐵股份有限公司	製造生產
	印度	Tata Communications Ltd	製造生產
	日本	Nippon Steel & Sumitomo Metal Corporation	製造生產
	美國	Nucor Corporation	製造生產
	美國	The United States Steel Corporation	製造生產
	台灣	中國鋼鐵股份有限公司	製造生產

全球能源的主要供應商

能源原物料的供給者包括了鑽探、開採廠商、設備服務廠商、運輸、儲藏廠商、以及綜合性業務公司。

◆ 石油與天然氣

種類	國家	公司名稱	商業模式
石油與天然氣鑽井	美國	Transocean Ltd	生產
石油天然氣設備與服務	美國	Halliburton Company	設備製造
	美國	Schlumberger Limited	設備製造
綜合性石油與天然氣企業	中國	中國石油化工股份有限公司	製造生產
	中國	中國石油天然氣股份有限公司	製造生產
	香港	中國石油化工股份有限公司	製造生產
	荷蘭	Royal Dutch Shell PLC	製造生產
	俄羅斯	Rosneft Oil Co	製造生產
	英國	BP plc	製造生產
	美國	Exxon Mobil Corp	製造生產
石油與天然氣的探勘和生產	香港	中國海洋石油總公司	製造生產
	美國	Apache Corporation	製造生產
	美國	Devon Energy Corporation	製造生產
	美國	EOG Resources Inc	製造生產
	美國	Encana Corporation	製造生產
石油與天然氣的煉製和營銷	印度	Reliance Industries Limited	生產營銷
	日本	Showa Shell Sekiyu Kabushiki Kaisha	生產營銷
石油與天然氣的運輸和儲存	挪威	Frontline Ltd	運輸

◆ 煤礦

種類	國家	公司名稱	商業模式
煤與燃料	中國	兗州煤業股份有限公司	製造生產
	中國	中國神華能源股份有限公司	製造生產
	印尼	Bumi Resources Tbk PT	製造生產
	美國	Arch Coal, Inc	美國最大 製造生產
	加拿大	Elk Valley Coal	加拿大最大 製造生產

◆ 再生能源

種類	國家	公司名稱	商業模式
再生能源	挪威	Renewable Energy Corporation ASA	製造生產
	美國	Peabody Energy Corporation	製造生產
	美國	Consol Energy Inc	製造生產
	美國	First Solar, Inc	製造生產

再生能源與傳統能源如石油或煤礦不同，不能運輸、貿易，因此產能源國僅將能源供給自己國內使用，沒有輸出貿易，因此，不會直接影響實際油價。

影響供給面價格的主要因素

在所有原物料市場中的單一供給廠商,並不足以影響該項原物料的價格走勢,而是整體的原物料供應量才會影響到商品價格。因此,觀察原物料市場時,應將重點放在生產大國,例如巴西、越南和哥倫比亞的咖啡產量占了世界咖啡總產量的七成以上,觀察這些國家的產量變化會比觀察單一原物料公司要來得快速、有效率。

以咖啡為例

全部咖啡豆生產者中有一人歉收

需求量不變的情況下,所有咖啡豆生產者中若有一家產量歉收,對交易所內的整體供應量僅是九牛一毛,供應量無明顯銳減,價格當然穩定不變。

咖啡生產大國中有一生產大國歉收

在需求量不變的情況下,若咖啡大國中的某一國生產量不足的話,會造成供不應求,期貨交所的交易價格會立刻上漲。

原物料價格與原物料公司間的關聯

在投資方面，原物料公司的企業行為也不會影響原物料本身的價格漲跌，即使是企業龍頭的影響範圍仍然有限。因此，投資人不應該從公司行為來判斷原物料未來價格，而應該從了解原物料的主要影響因素，來判斷原物料未來發展、以及欲投資的原物料公司股價。

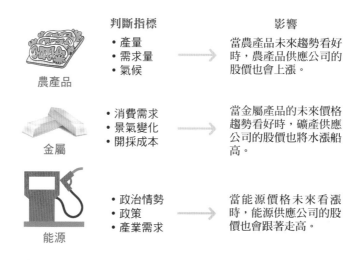

	判斷指標	影響
農產品	• 產量 • 需求量 • 氣候	當農產品未來趨勢看好時，農產品供應公司的股價也會上漲。
金屬	• 消費需求 • 景氣變化 • 開採成本	當金屬產品的未來價格趨勢看好時，礦產供應公司的股價也將水漲船高。
能源	• 政治情勢 • 政策 • 產業需求	當能源價格未來看漲時，能源供應公司的股價也會跟著走高。

原物料金融投資工具種類很多，有些與原物料直接相關，例如原物料期貨，有些是投資原物料相關公司，例如原物料股票、原物料基金。這些投資工具都會受到原物料價格走勢影響，而原物料價格走勢又受到原物料供給的影響。

- **與原物料直接相關的投資工具**
  期貨、選擇權、現貨
  →當供給面數量增加，原物料價格會下降，而影響到與原物料相關金融商品的市場價格。

- **與原物料公司相關的投資工具**
  股票、基金、ETF
  →當原物料價格變動時，會間接地影響到這些公司的未來價值，而使這些金融商品價格產生改變。

全球原物料的主要需求國家

由於每個國家產業結構不同，需要的原物料種類也會不同。再者，人口眾多、經濟活動熱絡的國家，需要的原物料量也會比較多。這幾年來如中國、印度、巴西等新興國家興起後，這些國家人民的生活水準與消費力大幅提升，開始大量消費原物料商品，造成全球原物料需求總量大幅成長。因此，觀察各主要國家的原物料需求變化，將是判斷該項原物料未來趨勢的一個重要參考指標。

全球消費原物料的主要國家和需求種類

農產品方面，分為黃豆、玉米、小麥、稻米、咖啡、與肉品等。近年來因新興國家經濟快速成長導致需求增加，許多糧食的價格也因此高漲，農產品出口國的動向也廣受注目。

◆ 農產品

區域	國家	需求原物料種類
美洲	美國	小麥、玉米、咖啡、牛肉、豬肉、雞肉
	巴西	玉米、稻米、咖啡、牛肉、豬肉、雞肉
	加拿大	玉米
	墨西哥	玉米、牛肉、豬肉、雞肉
	阿根廷	牛肉、雞肉
歐洲	歐盟	小麥、玉米、牛肉、豬肉、雞肉
	俄羅斯	小麥、牛肉、豬肉、雞肉
	烏克蘭	小麥
	德國	咖啡
	英國	咖啡
	法國	咖啡
	義大利	咖啡
	西班牙	咖啡
	土耳其	小麥
亞洲	中國	小麥、玉米、稻米、牛肉、豬肉、雞肉
	日本	玉米、稻米、咖啡、牛肉、豬肉
	印度	小麥、玉米、稻米、牛肉、雞肉
	印尼	稻米、咖啡
	泰國	稻米、雞肉
	越南	稻米、豬肉

中東	巴基斯坦	小麥、牛肉
	伊朗	小麥、雞肉
非洲	埃及	小麥、玉米
	南非	玉米
	伊索比亞	咖啡

◆ 金屬產品

區域	國家	需求原物料種類
美洲	美國	金、銀、白金、鋼鐵、鋁、銅
	巴西	鋁
歐洲	歐盟	鋼鐵、銅
	俄羅斯	鋁
	德國	金、鋁
	義大利	鋁
	土耳其	金、鋁
亞洲	中國	金、白金、鐵礦、鋼鐵、鋁、銅
	日本	銀、白金、鐵礦、鋼鐵、鋁、銅
	印度	金、銀、鋁
	南韓	鋁

◆ 能源產品

區域	國家	需求原物料種類
美洲	美國	石油、天然氣、煤炭、再生能源
	巴西	石油、再生能源
	加拿大	石油、天然氣
	墨西哥	石油
歐洲	俄羅斯	石油、天然氣、煤炭
	德國	石油、天然氣、再生能源
	英國	石油、天然氣、再生能源
	法國	石油
	義大利	天然氣、再生能源
	西班牙	再生能源
	瑞典	再生能源
亞洲	中國	石油、天然氣、煤炭、再生能源
	日本	石油、天然氣、煤炭、再生能源
	印度	石油、煤炭、再生能源
	南韓	石油
中東	沙烏地阿拉伯	石油、天然氣

全球原物料市場的需求大廠

對原物料來說，需求面的消費者形態十分複雜、多樣。因原物料是最原始的商品，會經過加工與半加工的程序後，才會到達消費者手中，而這些中間加工商、或將產品賣給最終消費者的廠商，都是原物料產品的需求者。因此，原物料市場中的需求者分為兩種，一種是將原物料再行加工、製造成其他商品販賣的中間商，另一種則為販售原物料給消費者的廠商。以玉米為例，許多廠商購買大量玉米來飼養牲畜，再將牲畜販售給消費者。而另有一部分廠商則是直接將玉米販售給一般消費者使用。

農產品

在農產品的交易市場中，需求者主要分為各種大型消費零售公司、與購買農產品後再行加工、製造的廠商這兩種。前者購買大量原物料成品後，直接販售給世界各地的消費者；後者將農產品加工或生產製成其他產品後，再販售給消費者。

金屬產品

在金屬商品的交易市場中，諸如建築產業、工業生產、汽車業、甚至是珠寶行業都是金屬產品的需求者。這些產業的公司將工業金屬或貴金屬加工生產後，再販售給全球的最終消費者。所以在金屬的需求廠商中，幾乎只有加工廠商，而沒有直接購買販售的廠商。

能源產品

　　能源產品交易市場中的需求方，對應的其實就是各個國家的總體能源需求。能源產品的行業別相當特殊，各國能源大廠生產的能源商品是直接提供給自己本國的最終消費者。例如，台灣中油公司購買原油，煉製、生產出各種石油產品，並將這些產品提供給國內的消費者。另外，與能源產品有關的需求廠商為化工產業，化工業是能源產品的下游廠商，其生產的商品容易受到能源產品價格影響而波動。

全球農產品的主要需求廠商

　　以農產品來說，市場內的需求者包括了零售商店、餐廳、食品分銷廠商、食品零售商及食品包裝商，這些都是農產品市場中的消費者。

◆ 農產品需求廠商

商業類別	國家	公司名稱
餐廳	美國	McDonald's Corporation
百貨商店	日本	Isetan Mitsukoshi Holdings Ltd
	南非	Woolworths Holdings Ltd
	墨西哥	Wal-Mart de México y Centroamérica S.A.B. de C.V.
	美國	Target Corporation
	美國	Wal-Mart Stores, Inc
食品分銷商	俄羅斯	Magnit
	英國	Tesco PLC
	南非	Pick n Pay Stores Ltd
	南非	Shoprite Holdings Ltd
	巴西	Companhia Brasileira de Distribuição
食品零售	德國	Metro AG
	法國	Carrefour S.A.
食品包裝	瑞士	Nestlé S.A.
	荷蘭	Unilever N.V.

全球金屬的主要需求廠商

金屬原物料市場中的消費者包括了建築與工程公司、工業企業、汽車產業，以及直接收購貴金屬來販售的公司等。

◆ 金屬需求廠商

商業類別	國家	公司名稱
建築與工程	美國	ENGlobal Corp
	美國	Fluor Corporation
	印度	Larsen & Toubro Ltd
工業企業	日本	Mitsubishi Corporation
	美國	GENERAL ELECTRIC CO
	美國	3M Company
汽車	日本	Nissan Motor Co Ltd
	日本	Toyota Motor Corp
	日本	Honda Motor Co., Ltd
	南韓	Hyundai Motor Company
	德國	Daimler AG
	德國	Volkswagen Group
	美國	Ford Motor Company
收購白銀	加拿大	Silver Wheaton Corp
	美國	Franco-Nevada Corporation

值得注意的是，金屬的需求者都是加工製造商，沒有直接收購金屬販賣給消費者的廠商。此外，工業金屬與景氣循環息息相關，因此留意這些廠商的需求，也可以逆向推演出目前景氣好壞，做為投資時的參考依據。

全球能源的主要需求廠商

　　能源原物料的需求廠商，其實就是能源供給廠商中屬於綜合性業務的公司。綜合性能源公司無論是自行開採、或是向其他探採公司購買能源產品後，經過煉製、加工再提供給消費者。另外，還有一類則是化工商品產業。而化工產業的廠商則是購買石油產品後，將其加工成為化學品來販售。

◆ 能源需求廠商

商業類別	國家	公司名稱
商品化工	中國	上海石油化學股份有限公司
	日本	Mitsui Chemicals Inc
	日本	JSR Corporation
	南韓	LG Chem Ltd
	台灣	台塑石化股份有限公司
	台灣	台灣化學纖維股份有限公司
	德國	BASF SE
	法國	Air Liquide S.A.
	南非	Sasol Limited
	美國	Praxair, Inc
化學製品	沙烏地阿拉伯	Saudi Basic Industries Corp
	美國	Dow Chemical Co.

影響需求面價格的主要因素

在原物料市場中的單一需求廠商的需求，並不會影響原物料商品的價格走勢，整體市場的需求量才是真正影響商品價格的主要因素。因此，觀察重點應該放在這些消費大國，例如咖啡豆未來的價格變化，應該觀察美國、巴西、德國、日本這些需求量占了世界總消費量的五成以上的國家。

以咖啡為例

全部咖啡豆需求廠商中，
有一間廠商需求增加

在供應量不變的情況下，若整體咖啡豆需求者中，僅有一家需求增加，其增加的數量也只占整體期貨交易的一角，無法影響交易所內的價格，因此期貨交所的交易價格不變。

咖啡豆消費大國中，
有一國需求增加

在供應量不變的情況下，若咖啡豆消費大國中，某一國需求大增的話，會造成供不應求，期貨交所的交易價格會立刻上漲。

原物料價格與原物料公司間的關聯

與供給面相同，在投資方面必須先考量影響原物料的主要因素，因為原物料公司對整體價格影響有限，投資人不容易從公司行為中判斷未來趨勢，但可將這些原物料公司視為一個中介角色，在原物料價格波動的情況下，也會連帶影響這些公司的交易量，造成股價波動。

判斷指標	影響
 農產品	・產量 ・需求量 ・氣候	農產品的未來價格趨勢，與這些公司的股價有明顯的連動關係。例如預期需求量增加的時候，公司股票會上漲。
 金屬	・消費需求 ・景氣變化 ・開採成本	金屬原物料價格的發展趨勢，會影響金屬需求公司的股價走勢，並造成生產成本變動。例如預期未來消費需求增加時，公司股票會上漲。生產成本會因大量生產而降低。
 能源	・政治情勢 ・政策 ・產業需求	能源原物料的走勢，會影響能源公司的股價表現。例如當產油國將施行限量政策時，石油公司的股票就會下跌。

原物料金融投資工具種類很多，有與原物料直接相關如原物料期貨與選擇權；而與投資原物料相關公司如原物料股票、原物料基金、ETF。這些投資工具都會受到原物料走勢影響，而原物料價格走勢又受到原物料需求的影響。

- **與原物料直接相關的投資工具**
  期貨、選擇權、現貨
  →當供給面數量增加，原物料價格會下降，而影響到與原物料相關金融商品的市場價格。

- **與原物料公司相關的投資工具**
  股票、基金、ETF
  →當原物料價格變動時，會間接地影響到這些公司的未來價值，而使這些金融商品價格產生改變。

全球主要原物料交易市場

全球的原物料市場分為兩大類，現貨市場與期貨市場。一般在投資原物料時所泛稱的市場皆指原物料期貨市場，原物料價格走勢，也是指期貨市場中的原物料商品的價格走勢。現貨市場主要提供廠商交易實體原物料商品，但因為大型的現貨市場需要購買數量龐大、且須持有市場准許牌照，因此投資人並不會在現貨市場投資套利，除了特殊商品外，如黃金。所以，投資人只能進入期貨市場購買期貨合約，藉由交割到期日前，買賣手中的合約來賺取套利的機會。

全球主要原物料市場

① 現貨市場

　　每個國家都存在大大小小的現貨商品交易市場，主要從事本國或國際的原物料現貨商品交易。

例如：

傳統市場　　　　　便利超商　　　　大型超市或量販店

漁獲批發市

❷ 期貨市場

　　目前全世界約有五十餘家期貨交易所，其中大部分分布在美國和歐洲。某些交易所因為交易的原物料量非常大，往往可以主導該原物料的全球價格走向。而這些交易所內的原物料價格，也就是一般投資人所稱的原物料價格。

市場名稱	國家	全名	交易內容
巴西期貨交易所（BMF）	巴西	Bolso de Mercadorias & Futuros	為咖啡豆的主要期貨場所。
芝加哥商品交易所（CBOT - CME Group）	美國芝加哥	The Chicago Board of Trade — Chicago Mercantile Exchange	• 美國芝加哥的期貨交易所，成立於 1848 年，是世界上最古老的期貨和期權交易所。 • 旗下總共有 50 種以上的期貨和期權產品，總計 3,600 個項目和商品。另外，還包括利率、外匯、農業和工業品、能源、以及諸如天氣指數等其他衍生產品。 • 芝加哥商品交易所和其他三個交易所（芝加哥期貨交易所，紐約商業交易所，紐約商品交易所）現在都是 CME 集團旗下子公司。
美國咖啡、糖及可可交易所（CSCE）	美國紐約	Coffee, Sugar & Cocoa Exchange Inc	• 最早是交易南美的可可為主。但過去幾十年來巴西漸漸成為世界主要可可的生產地，因此便將紐約可可交易所與咖啡、糖交易所合併成為咖啡、糖與可可交易所。 • 美國咖啡、糖與可可交易所是投機者的交易大本營。

紐約商品交易所 （NYMEX）	美國 紐約	New York Mercantile Exchange	• 主要負責能源、鉑金與鈀金交易，是全球最具規模的商品交易所。 • 交易主要涉及能源和稀有金屬兩大類產品，但能源產品交易量遠遠超過其它產品的交易。
紐約金屬交易所 （COMEX）	美國 紐約	New York Commerce Exchange	• 負責金、銀、銅、鋁的期貨和期權合約，為全球最大的黃金期貨市場，往往可以主導全球金價的走向。 • 買賣以期貨與期權為主，實際黃金實物的交收占的比很少。
堪薩斯期貨交易所 （KCBT）	美國 堪薩斯	Kansas city Board of Trade	• 是世界上最主要的硬紅冬小麥（麵包主要原料）交易所之一。
明尼亞波利期貨 交易所 （MGE）	美國 明尼 亞波利	Minneapolis Grain Exchange	• 穀物的重要交易所之一。
洲際交易所 （ICE）	美國	Intercontinental Exchange	• 是美國網路期貨的交易平台，提供能源、與其衍生產品的櫃檯買賣（OTC）服務。 • 最初主要經營能源相關產品，例如原油、天然氣、電力與碳排放，透過近年的收購合併，經營範圍已拓展如糖、棉花、咖啡、外匯及指數期貨。

歐洲衍生性商品交易所 （LIFFE）	英國 倫敦	London International Financial Futures and Options Exchange	• 歐洲建立最早、最大、世界第三大的期貨期權交易所。 • 交易所內交易的金屬期貨有以美元結算的英鎊、瑞士法郎、日元期貨，以及以歐元結算的美元期貨。
倫敦金屬交易所 （LME）	英國 倫敦	London Metal Exchange	• 是世界重要的有色金屬交易市場，同時也是世界上最大的有色金屬交易所，成立於 1877 年。 • 採用國際會員資格制，其中 95% 的交易來自海外市場。交易品種有銅、鋁、鉛、鋅、鎳和鋁合金。
法國期貨交易所 （MATIF）	法國	Marche a Terme International de France	• 法國重要的期貨交易所。
東京工業品交易所 （TOCOM）	日本 東京	The Tokyo Commodity Exchange	• 日本唯一一家綜合商品交易所，主要進行期貨交易。 • 以貴金屬交易為主，但近年來大力發展石油、汽油、氣石油等能源類商品。
大連交易所 （DCE）	中國 大連	Dalian Commodity Exchange	• 中國最大的農產品期貨交易所。 • 全球第二大的大豆期貨市場。

農產品的主要交易市場

　　就農產品而言，不同的商品主要交易市場也不相同，觀察主要期貨市場中的商品價格走勢，即能掌握農產品原物料商品的價格趨勢。

　　現貨市場的價格會與期貨市場有點差距，因為期貨市場是反映該項原物料商品的未來價格。但仍能從現貨市場的交易價中比對目前該項商品的期貨價格，做為投資判斷的依據。

◆ 期貨市場

商品	報價單位	主要市場
小麥	美分／英斗	CBT（美國芝加哥商品交易所）、KCBT（堪薩斯期貨交易所）、MGE（明尼亞波利斯穀物交易所）、MATIF（法國期貨交易所）
稻米	美分／英擔 泰銖／公斤	CBT（美國芝加哥商品交易所）、AFET（泰國農產品期貨交易所）
黃豆	美分／英斗 日元／公噸 人民幣／公噸	CBT（美國芝加哥商品交易所）、TOCOM（東京工業品交易所）、DCE（大連交易所）
玉米	美分／英斗 日元／公噸 人民幣／公噸	CBT（美國芝加哥商品交易所）、TOCOM（東京工業品交易所）、DCE（大連交易所）
咖啡豆	美分／磅 英磅／公噸 美元／60公斤	CSCE（咖啡、糖及可可交易所）、LIFFE（歐洲衍生性商品交易所）、BMF（巴西期貨交易所）
糖	美分／磅 美元／公噸 日元／公噸	CSCE（咖啡、糖及可可交易所）、LIFFE（歐洲衍生性商品交易所）、TOCOM（東京工業品交易所）
棉花	美分／磅	NYCE（紐約棉花期貨交易所）
豬肉	美分／磅	CBT（美國芝加哥商品交易所）
牛肉	美分／磅	CBT（美國芝加哥商品交易所）、BMF（巴西期貨交易所）

◆ 現貨市場

商品	報價單位	主要市場
小麥	美分／英斗	美國堪薩斯（Kansas City）、美國明尼亞波利（Minneapolis）、美國聖路易市（Saint Louis）
稻米	泰銖／公斤	泰國（Thailand）
黃豆	美分／英斗	美國伊利諾（Illinois）
玉米	美分／英斗	美國伊利諾（Illinois）、美國堪薩斯（Kansas City）
咖啡豆	美分／磅	美國紐約（New York）
棉花	美分／磅	美國孟菲斯（Memphis）
豬肉	美分／磅	美國明尼蘇達（Minnesota）
牛肉	美分／磅	美國芝加哥（Chicago）

INFO 農產品期貨市場重點在風險轉移

轉移農產品價格風險，是指通過期貨交易來轉移生產或經營上的成本風險。以現貨交易為主的農產品市場上，農產品價格只能反映即期供應的價格。然而，農產品生產周期長，不能控制的因素很多，價格往往較不穩定。隨著期貨交易制度的建立，為生產者和經營者提供一條風險轉移的新途徑，也就是在期貨與現貨市場間建立一種沖抵機制，生產者和經營者同時在兩個市場上投資，利用一個市場上的盈利來彌補另一個市場上的虧損，透過這兩個市場的反向操作來鎖住自己的價格風險。

金屬的主要交易市場

　　金屬商品主要交易市場分為兩類，貴金屬最主要的期貨市場為紐約金屬交易所（COMEX）；工業金屬最主要的期貨交易所為倫敦金屬交易所（LME）。觀察這兩大期貨市場中的金屬商品價格走勢，即能掌握金屬原物料商品的價格趨勢。

　　金屬原物料的大型交易現貨市場與期貨市場的交易所都是同一個市場，可在這些市場中同時買賣期貨與現貨，可藉由現貨市場的交易價比對目前該項商品的期貨價格，做為投資判斷的依據。

◆ 期貨市場

商品	報價單位	主要市場
黃金	美元／盎司	COMEX（紐約金屬交易所）
銀	美元／盎司	COMEX（紐約金屬交易所）
白金	美元／盎司	NYMEX（紐約金屬交易所）
銅	美元／公美分／磅	LME（倫敦金屬交易所）、COMEX（紐約金屬交易所）
鋁	美元／公噸	LME（倫敦金屬交易所）
鉛	美元／公噸	LME（倫敦金屬交易所）
鋅	美元／公噸	LME（倫敦金屬交易所）
錫	美元／公噸	LME（倫敦金屬交易所）
鐵	美元／公噸	NYMEX（紐約商品交易所）

◆ 現貨市場

商品	報價單位	主要市場
黃金	美元／盎司	COMEX（紐約金屬交易所）、CBT（美國芝加哥商品交易所）、BBA（孟買黃金協會）、FX Broker（外匯交易商）
銀	美元／盎司	COMEX（紐約金屬交易所）、CBT（美國芝加哥商品交易所）、BBA（孟買黃金協會）、FX Broker（外匯交易商）、TOCOM（東京工業品交易所）
白金	美元／盎司	COMEX（紐約金屬交易所）、CBT（美國芝加哥商品交易所）、BBA（孟買黃金協會）、FX Broker（外匯交易商）、TOCOM（東京工業品交易所）
銅	美元／公噸 美分／磅	LME（倫敦金屬交易所）
鋁	美元／公噸	LME（倫敦金屬交易所）
鉛	美元／公噸	LME（倫敦金屬交易所）
鋅	美元／公噸	LME（倫敦金屬交易所）
錫	美元／公噸	LME（倫敦金屬交易所）
鐵	美元／公噸	NYMEX（紐約商品交易所）

能源的主要交易市場

　　全球最主要的能源產品市場是紐約商品交易所（NYMEX）。觀察該期貨市場中能源商品的價格走勢，即能掌握能源商品的價格趨勢。

　　至於日常生活中最常聽到的西德州原油價格與北海原油價格，都是指原油現貨市場的價格。一般而言，現貨市場與期貨市場的走勢是一致的，只是價位不同，因為期貨市場是反映該項商品的未來價格。

◆ 期貨市場

商品	報價單位	主要市場
原油	美元／桶 日元／公升	NYMEX（紐約商品交易所）、ICE（洲際交易所）、TOCOM（東京工業品交易所）
汽油	美元／加侖 日元／公升	NYMEX（紐約商品交易所）、ICE（洲際交易所）、TOCOM（東京工業品交易所）
燃油	美元／加侖	NYMEX（紐約商品交易所）、ICE（洲際交易所）
天然氣	美元／百萬英熱	NYMEX（紐約商品交易所）、ICE（洲際交易所）
煤	美元／公噸	NYMEX（紐約商品交易所）、ICE（洲際交易所）
鉛	美元／公噸	LME（倫敦金屬交易所）
鋅	美元／公噸	LME（倫敦金屬交易所）
錫	美元／公噸	LME（倫敦金屬交易所）
鐵	美元／公噸	NYMEX（紐約商品交易所）

◆ 現貨市場

商品	報價單位	主要市場
原油	美元／桶	美國西德州原油 (Cushing)、北海（North Sea）、杜拜（Dubai）、阿聯酋（The United Arab Emirates）
汽油	美元／加侖	美國堪薩斯（Kansas City）
燃油	美元／加侖	美國堪薩斯（Kansas City）
天然氣	美元／百萬英熱	美國紐約（New York）
煤	美元／公噸	中國秦皇島、澳洲紐卡索（Newcastle）、南非理查灣（Richard Bay）、印尼（Indonesia）

全球主要的期貨交易市場，皆以美元交易為主、且期貨價格反應與實體價格較為相近，受人為干擾、操作機率低，投資風險也因此降低，投資人應該多以這些市場為主要交易對象。

3

Chapter

了解原物料
走勢的規律

原物料種類眾多，影響價格的因素更是複雜，因
此每種原物料的觀察重點都不盡相同。本篇將從三大
類原物料商品的過去趨勢中，分析原物料商品的特性
與影響價格的因素，藉此判斷未來可能的發展方向，
做為投資原物料商品的重要依據。

本篇教你

⊘ 掌握原物料的價格走勢

⊘ 影響原物料商品供給、需求的因素

⊘ 掌握原物料商品的特性

⊘ 判斷原物料未來可能發展趨勢

⊘ 判斷原物料商品之間的連動性

3 了解原物料走勢的規律

影響原物料行情的關鍵因素

原物料和一般商品的價格變化相同，都是由供給、需求面來決定價格。因此，要了解原物料價格的變化，同樣也可以從供給、與需求兩方面來觀察。

影響原物料供給的因素

原物料的供給出現問題，往往是生產者遇到了下列四種狀況，才會造成產量不足：

① 開始生產到真正產出的時間差

原物料的生產並不是立刻就能完成，例如金屬礦開採，從開採、提煉到生產，往往需要數年的時間。農產品也是，從種植、生長到收成，也往往須要數個月至數年。這些時間的差距一旦趕不上立即的需求，就會造成原物料價格上漲。

② 氣候

隨著全球氣候問題愈來愈嚴重，近年來許多原物料時常出現供給不穩定的狀況。其中，農作物的生長最明顯。此外，多雨氣候也會導致礦區坍方，影響金屬礦物的供給。

③ 政治

政局是影響原物料供應的一個重要因素。原物料為大宗商品，無論是能源、礦產或農作物，通常為國家的財產，所以當政治情勢與政策改變都

將影響原物料的供給。例如，1973年石油輸出國組織（OPEC）為了聲援中東戰爭中的埃及和敘利亞，對以美國為首偏袒以色列的西方國家實行禁運，使得油價暴漲。

④ 資源耗盡

無論是農產、礦產或是能源產品，皆為有限的自然資源，隨著開採的耗盡、土地利用的瓶頸，生產數量將會愈來愈少，進而影響價格波動。

影響原物料需求的因素

原物料為民生必需品，有人需求才會有供給產生，所以人的需求強度正是最大的影響關鍵。

① 新興國家的興起

近年來許多新興國家興起，例如中國、印度、巴西等，這些國家除了人口眾多、需要大量的農產品外，也因為經濟起飛，需要大量的能源與金屬用於工業、商業活動，因此推升了原物料的需求。

② 資源爭奪

由於世界各國都體認到資源有限的事實，因此這幾年資源稀少的國家便開始在各地大量購買資源，例如，收購油田、礦產或囤積農產品的行為，導致需求增加，推升原物料產品價格。

景氣與預期面的影響

還有一些比較間接的因素會影響需求，如下：

① 貨幣貶值

當貨幣貶值時，持有現金會因貶值而導致實質購買能力降低，因此，大部分的人會將資產放置於可視為等價物的實體資產上，而非持有現金。此舉將造成具有等價性質的原物料價格攀升，例如黃金。

② 通貨膨脹的預期心理

通貨膨脹主要是受到貨幣供應量、利率、原物料價格等因素影響。當原物料價格上漲，通常會引發民眾認為即將出現通貨膨脹，因此開始先行搶購原物料，使得原本已經短缺的原物料更供不應求，價格再次攀升。

如何掌握農產品的價格趨勢？

農作物是一種比較特殊的原物料商品，原因在於農產品有一定的收成季節，因此只要收成季節的供給量增加，即使該項農產品正處於飆漲階段，價格仍會下跌。反之，在栽種期時就算需求有減少，價格仍會上揚。

近十年農產品價格走勢與影響因素

　　以年度為單位分析時，過去十年無論是玉米、小麥或黃豆的大致趨勢，都因受到新興國家的需求大增的關係，價格持續攀升中。其中短時間（一年）的小幅漲跌，通常與農作物生長週期有關，例如收成季節價格低、栽種季節價格高，收成量少、價格高，收成量多、價格低。但長時間（一年以上）的漲跌，影響因素就會與主要農產品生產國的氣候變化、及農產品消費大國的需求變化有關。因此，氣候、栽種週期為農作物趨勢最主要的觀察重點。

近10年玉米價格走勢

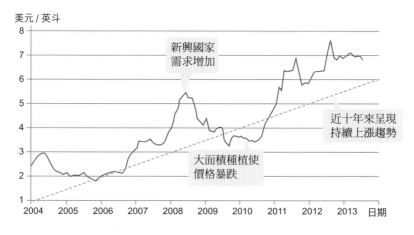

美元 / 英斗

新興國家
需求增加

近十年來呈現
持續上漲趨勢

大面積種植使
價格暴跌

3 了解原物料走勢的規律

近10年小麥價格趨勢

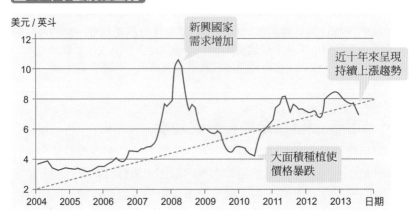

美元 / 英斗

新興國家
需求增加

近十年來呈現
持續上漲趨勢

大面積種植使
價格暴跌

2004　2005　2006　2007　2008　2009　2010　2011　2012　2013　日期

近10年黃豆價格趨勢

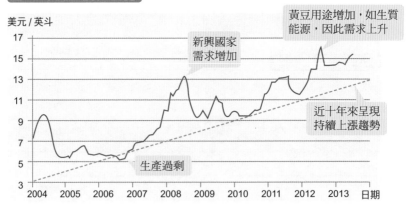

美元 / 英斗

黃豆用途增加，如生質
能源，因此需求上升

新興國家
需求增加

近十年來呈現
持續上漲趨勢

生產過剩

2004　2005　2006　2007　2008　2009　2010　2011　2012　2013　日期

未來趨勢要如何觀察

需求增加是影響這十年農產品價格攀升的最主要因素。而氣候、生長週期則是這幾年影響農作物價格的次要因素,左右了農產品的供給量,進而造成價格起伏波動。

① 氣候

氣候是影響農作物產量的重要因素,因此了解農作物主要產區的氣候變化,是判斷未來趨勢一個相當重要的指標。

農作物	產地
小麥	歐盟、中國、印度、美國、俄羅斯、澳洲、巴基斯坦、加拿大、土耳其、烏克蘭
玉米	美國、中國、歐盟、巴西、阿根廷、墨西哥、印度、南非、烏克蘭、加拿大
黃豆	美國、巴西、阿根廷、中國、印度、俄羅斯、烏克蘭、加拿大
稻米	中國、印度、印尼、孟加拉、越南、泰國、緬甸、菲律賓、巴西、日本
咖啡	巴西、越南、哥倫比亞、印尼、伊索比亞、印度、墨西哥、瓜地馬拉、宏都拉斯、秘魯
糖	巴西、印度、中國
棉花	中國、印度、美國、巴基斯坦、巴西

② 種植週期

農產品每年收成季節供給會增加,造成價格下跌。相對地,農產品的栽種季節,因為供給減少,造成農產品價格攀升。

農作物	栽種期(價格高點)		收成期(價格低點)		生長時間	
	北半球	南半球	北半球	南半球	北半球	南半球
小麥	11 月~隔年 2 月	5~8 月	5~6 月	11~12 月	3~10 月	9 月~隔年 4 月

黃豆	5～7月	11月～隔年1月	10～11月	4~6月	4～5月	10～11月
玉米	5～7月	11月～隔年1月	10～11月	4~6月	5～6月	11～12月
咖啡	多年生		4～9月	10月～隔年3月	3～5年	3~5年
糖	甘蔗：11月～隔年4月　甜菜：4月	甘蔗：5月～10月　甜菜：10月	甘蔗：11月～隔年5月　甜菜：9月～隔年2月	甘蔗：5月～11月　甜菜：3月～8月	甘蔗：1.5年　甜菜：2年	甘蔗：1.5年　甜菜：2年
棉花	2～6月	8～12月	7～11月	1月～5月	5～6月	11～12月

③ 供給與需求

供給量與需求量是決定最終價格的主要因素。因此，投資人必須了解主要生產大國的產量變化與主要需求大國的需求量，才能分析農產品未來價格的大致趨勢。

原物料商品	主要生產國的全球占比		主要消費國的全球占比	
小麥	歐盟	20%	中國	20%
	中國	20%	印度	15%
	印度	15%	俄羅斯	10%
	美國	10%	美國	5%
	俄羅斯	10%	巴基斯坦	5%
			埃及	2.5%
黃豆	美國	30%～40%	中國	25%
	巴西	30%	美國	25%
	阿根廷	20%	拉丁美洲	15%
			印度	10%
			歐盟	10%
玉米	美國	40%	美國	35%
	中國	20%	中國	20%
	歐盟	8%	歐盟	8%
	巴西	5%	巴西	6%
	阿根廷	3%	墨西哥	3%

稻米	中國 印度 印尼 孟加拉 越南 泰國	30% 20% 10% 8% 6% 5%	中國 印度 印尼 孟加拉 越南 菲律賓	30% 18% 8% 7% 6% 3%
咖啡豆	巴西 越南 哥倫比亞 印尼 伊索比亞	36% 15% 7% 6% 6%	美國 巴西 德國 日本 法國 義大利	27% 23% 9% 8% 7% 6%
糖	巴西 印度 中國 泰國 巴基斯坦	25% 20% 18% 10% 8%	印度 中國 巴西 美國	25% 20% 15% 10%
棉花	中國 印度 美國 巴基斯坦 巴西	28% 20% 20% 10% 10%	美國 中國 巴西 墨西哥	25% 23% 18% 15%

④ 其他不確定因素

　　其他的影響因素，會因個別的農產品而有所不同。以咖啡豆為例，巴西咖啡工人的罷工，會讓需求者產生市場預期心理，造成爭相囤積咖啡豆，導致咖啡豆價格短時間內上漲。

學會推演農產品的未來價格

影響農產品價格最主要的原因來自於消費國的需求量、供給國的氣候與生長週期,因此觀察這兩者間的連動關係,是判斷農產品未來價格趨勢的最好指標。

如何推演農產品的連動關係

　　從農產品的需求與供給面中找出價格波動的規律,有效地推演出未來價格趨勢、增加投資效益。以下以咖啡豆為例,說明事件與價格的連動關係。

掌握基本重要資訊

- 巴西的咖啡豆產量世界第一,占全球產量 36%,第二則是越南,占 15%。
- 每年 10 ～隔年 3 月為巴西咖啡豆收成季節→為咖啡價格低檔期。
- 每年冬天溫帶國家咖啡豆需求增加→為咖啡豆價格高檔期。

　☑生產國的產量占比愈大,對價格影響愈明顯,但若生產國產量占比很平均,就須加入其他資訊來比對分析。

　☑農作物的收成期為價格低點;栽種期則為高點。

　☑在供給量不變的情況下,需求大國的需求量變化,也會影響價格。

Step 1

從新聞得知相關資訊

例 12 月時從新聞中得知咖啡豆的重要產國巴西正在鬧旱災。

Step 2

評估事件的重要性與影響層面

例 因為巴西是全球咖啡豆產量第一、供給占比高達 36% 的國家，所以旱災的事件相當重要。進而聯想到，10～隔年 3 月為巴西咖啡豆收成季節，12 月正是陸續收成的季節。

Step 3

找出更多具體消息交叉比對，推估可能的發展

例 咖啡豆的價格已經出現小幅上揚的情形，但這也可能是預期心理使然的短暫反應。長期價格走勢還得觀察：①若全球總產量無明顯影響，咖啡豆收季時的價格通常會下降；②巴西供給全球的咖啡豆占比極高，若巴西旱災嚴重的話，全球總供給量也會銳減，咖啡豆價格就會不降反漲。

Step 4

隨時更新資訊，掌握事件走勢

例 情況 1：變好

巴西政府實施的限水措施發揮功效，預期未來的咖啡豆收成量僅稍微減量。其他產區的收成量則是持平。

例 情況 2：變糟

巴西的乾旱情形持續惡化，造成將近三分之一農田已出現乾枝、落果的情形，已可知將明顯減少產量。

Step 5

確認事件的嚴重程度，分析影響範圍

例 情況 1：良好

由於全球總產量僅稍微減量，收成期的咖啡豆價格與往年相較，下跌幅度小。
→表示期貨價格（咖啡豆的未來價格）將下跌，但下跌幅度比往年小，零售價格也將小幅下跌。

例 情況 2：復原緩慢、或惡化

全球總產量確定大幅減少，可預期收成期的咖啡豆價格將上漲。
→表示期貨價格將上漲，零售價格也將上漲。

Step 6

從當年度推演對未來的影響程度

例 情況 1：僅為短期影響

僅有當年的產量稍稍減少，不至於長期影響。預期咖啡豆價格會在下一個收成期、或是咖啡豆需求量少的夏季止跌回漲。

例 情況 2：有長期影響之虞

若巴西旱災持續，短期無法回復農作循環，導致種植量銳減，來年的咖啡供給量不足的風險將會提高。若供給無法滿足需求，價格就會上揚。

77

如何掌握金屬的價格趨勢？

金屬產品可以分為兩大類，一種為黃金、白銀類的貴金屬。另一種則為鐵、銅類的工業金屬。兩種金屬產品因特性不同、用途不同、市場上需求的時機點也不相同，因此走勢與觀察重點有很大的差異。

近十年金屬價格走勢與影響因素

從貴金屬與工業金屬的近期表現，分析影響金屬價格走勢的因素，只要了解這些成因，便能找到投資金屬時可以參考的規律。

貴金屬──黃金

黃金為貴金屬的代表，可由黃金走勢圖來觀察整體貴金屬價格趨勢。黃金價格主要歷經兩個階段：第一階段為1970～1980年間，因為遭遇兩次嚴重的石油危機，形成通膨引起消費信心崩盤，造成保值的黃金價格從35美元上漲至880美元。

第二階段從80年代開始，有鑑於石油危機造成的經濟動盪，美國積極調升匯率打擊通膨，重建民眾對貨幣的信心，因此近十年黃金價格逐漸下跌，從原本880美元下跌至250美元，直到近十年間新興國家崛起與2007年的次級房貸危機，讓金價又再次攀升至另一個歷史高點。

因此可以顯見，貴金屬價格的變化與通膨、景氣、利率、美元走勢、戰爭都有顯著的關係。

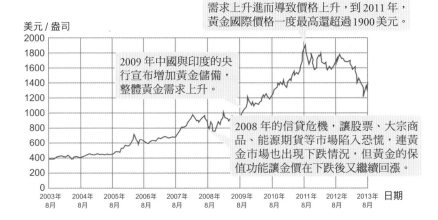

美元 / 盎司

需求上升進而導致價格上升，到 2011 年，黃金國際價格一度最高還超過 1900 美元。

2009 年中國與印度的央行宣布增加黃金儲備，整體黃金需求上升。

2008 年的信貸危機，讓股票、大宗商品、能源期貨等市場陷入恐慌，連黃金市場也出現下跌情況，但黃金的保值功能讓金價在下跌後又繼續回漲。

工業金屬——銅

銅為工業金屬的代表，藉由銅的價格走勢可分析工業金屬的變化情況。工業金屬主要用在建造建築物、裝置設備或製造工業產品，當景氣好轉時，開始需要大量設備、建築標的、工業產品，工業金屬的需求量就會大幅增加。因此，工業金屬是所有原物料中與景氣關聯性最大的指標。所以，當景氣好、工業金屬價格上漲，景氣差、工業金屬價格下跌。

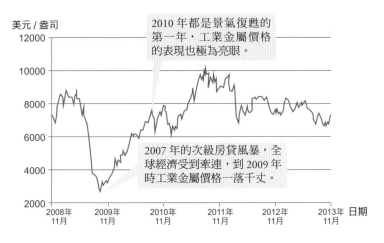

美元 / 盎司

2010 年都是景氣復甦的第一年，工業金屬價格的表現也極為亮眼。

2007 年的次級房貸風暴，全球經濟受到牽連，到 2009 年時工業金屬價格一落千丈。

主要金屬的供給國與需求國

由上述的推演過程，可以很清楚發現，短期間內，金屬會因小幅供給、需求面的消息，出現一定程度的價格波動。但長期而言，只要觀察景氣循環、美國相關貨幣政策、以及生產與消費大國的供需量，就能夠輕鬆掌握金屬品價格的脈絡。

◆ 貴金屬

原物料	生產國的全球占比		消費國的全球占比		用途的全球占比	
金	中國	14%	印度	25%	珠寶飾品	51%
	澳洲	10%	中國	15%	投資	38%
	美國	9%	美國	8%	工業	10%
	南非	7%	德國	3%		
	俄羅斯	7%	土耳其	3%		
	秘魯	6%				
	印尼	5%				
銀	秘魯	18%	美國	20%	產業	45%
	墨西哥	16%	日本	18%	珠寶飾品	17%
	中國	13%	印度	15%	投資	17%
	澳洲	8%			錢幣	10%
	智利	7%			相片	7%
	俄羅斯	6%			餐具	5%
	玻利維亞	6%				
	美國	6%				
白金	南非	75%	歐洲	26%	汽車觸媒	40%
	俄羅斯	13%	中國	25%	珠寶飾品	30%
	辛巴威	5%	美國	19%	投資	8%
	加拿大	3%	日本	15%		
	美國	2%				

◆ 工業金屬

原物料	生產國的全球占比		消費國的全球占比	
銅	智利 秘魯 中國 美國 澳洲 印尼	40% 10% 8% 8% 7% 6%	中國 西歐 美國 日本	36% 14% 11% 6%
鐵	中國 澳洲 巴西 印度	37% 17% 15% 11%	中國 其他亞州 歐盟 美國 日本	45% 15% 11% 7% 5%
鋁	澳洲 中國 巴西 印度 幾內亞	35% 20% 15% 10% 7%	中國 美國 日本 德國 印度	53% 14% 7% 6% 5%
鉛	中國 澳洲 美國 秘魯	45% 15% 10% 8%	中國 美洲 歐洲 亞洲	48% 12% 10% 8%

未來趨勢如何觀察

　　由過去的趨勢可發現，貴重金屬與工業金屬的觀察重點主要在於通膨、利率、美元走勢、景氣循環與需求。供給面，因為每個礦區的產量相對固定，若無特別嚴重的礦區災害，供給量相對較穩定。

① 貴金屬觀察重點

經濟面

通貨膨脹與緊縮

投資實質原物料是沒有利息的，而且貴重金屬的用途也不多，就只有在通膨時，民眾才會想要持有貴重金屬來規避市場的動盪。

通膨→貴金屬的價格上揚
緊縮→貴金屬的價格下跌

實質利率

當利率很低時，民眾的存款除了不能增值外，還須承受貨幣貶值的風險，此時就會購入貴金屬來保值。

美國調降利率→貴金屬價格上漲
美國調升利率→貴金屬價格下跌

美元

美元是相對穩定、保值的貨幣，因此當美元大幅貶值時，民眾就會持有貴金屬以規避持有美元的風險。

美元升值→貴金屬價格下跌
美元貶值→貴金屬價格上漲

其他不可抗力因素

其它如發生戰爭、天災等，貴金屬都是大眾心中最佳保值產品。

戰爭發生→貴金屬價格上漲
國泰平安→貴金屬價格穩定

產能面	供給	相較於需求，貴金屬供應是穩定的，雖有礦區礦脈日漸稀少的問題，但對於目前的貴金屬價格影響不大。主要的變動來自政治動盪與勞工罷工。 勞工罷工→貴金屬價格短期上漲 勞工復工→貴金屬價格恢復穩定
	需求	對貴金屬的需求，除了規避通膨與貶值的風險外，新興國家中的中國與印度，因傳統上如結婚、送禮所需，對於貴金屬也有強烈需求，皆會造成貴金屬需求增加。 各國央行增加黃金儲備時→貴金屬價格上漲 各國央行出售黃金時→貴金屬價格下跌

② 工業金屬觀察重點

經濟面	景氣	工業的發展需要使用工業金屬，而工業興衰又與大環境的變化有關，因此，景氣的興衰與工業金屬的需求環環相扣，算是景氣循環中的領先指標。 當景氣剛開始好轉→工業金屬的價格上漲 當景氣剛開始走弱→工業金屬的價格下跌
產能面	供給	工業金屬從決定生產、開採到真正的產出，需要數年時間，因此不容易在短期內有大幅度的產量變化。最主要的產能變化也是來自政治動盪或是勞工罷工事件。 產礦國政局不穩→工業金屬的價格上漲 產礦國政局穩定→工業金屬價格恢復穩定

學會推演金屬的未來價格

影響金屬價格的主要原因來自於景氣循環、美國對於貨幣與利率政策的連動關係，因此觀察這些指標，將是判斷價格的最好方式。

如何推演金屬的連動關係

　　不論是貴金屬還是工業金屬，其價格的變動都與大環境的景氣有關，以下將以黃金、銅來分別說明貴金屬與工業金屬價格的連動過程，從中找到可以遵循的規律。

貴金屬－黃金

掌握基本重要資訊

- 黃金產量相當穩定，最大生產國是中國占全球 14％，與第二生產國澳洲（10％）差別不大。消費大國則以印度 25％與中國 15％分占世界一、二。
- 黃金是保值商品，當景氣差、美元貶值、央行降息時，黃金價格就會上漲。
- 近年新興國家興起，黃金需求激增，造成金價上漲。

☑ 貴金屬生產相對穩定，需求增加才是造成貴金屬價格上漲的主因，因此必須多加留意主要消費國的動向。

☑ 貴金屬重在保值，因此在景氣繁榮的當下是不會有人特別購買的。

Step 1

從新聞得知相關資訊

例 從新聞得知美國央行（聯準會）要調升利率。

Step 2

評估事件的重要性與影響層面

例 調升利率通常是經濟體過熱的因應做法，避免市場上過多的資金造成物價過度上漲（通膨），透過調升利率吸引資金回流入金融體系，藉以平抑物價。因美國為全球第一大經濟體，有舉足輕重的影響，黃金價格也可能因美國升息而有拋售、價格下跌的可能。

Step 3

找出更多具體消息交叉比對，推估可能的發展

例 金價的變動與利率、美元走勢、需求、通膨有顯著的關係，因此從新聞中聽到美國即將升息的消息時，投資人可以進一步分析其調升幅度、實施次數，以及其他影響因素如新興國家購買力的削減與否，以此評估影響力道的強弱，與未來可能的發展。

Step 4

隨時更新資訊，掌握事件走勢

例 情況 1：震盪幅度緩和

美國央行宣布升息一碼（0.25%）後，黃金價格僅有極微幅震盪，民眾仍處於觀望心態，不敢輕易拋售黃金。而且，新興市場的黃金需求仍然強勁，中國和印度的需求量就將近占了全球 40%，這些地區的人民仍持續購買黃金。

例 情況 2：震盪幅度大

美國央行宣布升息一碼後，就已經出現大量明顯拋售潮，顯示民眾極欲回歸貨幣市場，以持有貨幣、增加儲蓄，取代持有黃金。且新興市場的需求量也在減緩中。

Step 5

確認事件的嚴重程度，分析影響範圍

例 情況 1：良好

美國央行已停止升息政策，而黃金的購買量仍大過拋售量，價格已回穩，表示這一波的影響因素已經告一段落。但也表示民眾對未來的經濟前景仍不樂觀，傾向持有保值性高的貴金屬。

例 情況 2：復原緩慢、或惡化

美國央行實施第二次、甚至預期還有第三次升息，黃金拋售的情形持續出現，金價已明顯跌過一輪，而且還續跌中。新興市場的需求量減緩、或已飽和，顯示金價將會再探底。

Step 6

從當年度推演對未來的影響程度

例 情況 1：僅為短期影響

變動因素不再，且金價已經回穩，可見一次升息對金價的影響只是短期，而且影響的幅度幾乎無感。

例 情況 2：有長期影響之虞

美國央行實施了第三次升息，但仍有大量資金在市場遊走推升物價，通膨疑慮仍未解除。當變動因素仍在，升息的幅度又相當吸引資金回流，新興市場仍未有明顯的需求量，導致金價持續下跌的空間仍大。

工業金屬－銅

掌握基本重要資訊

- 銅礦的產量十分穩定，價格區間的變動幅度也不大，主要產銅大國是智利，占全球 40%。中國是銅的消費大國，全球占比 36%，遙遙領先其他國家。
- 銅是工業用原料，跟大環境的景氣息息相關，景氣好、價格上漲；景氣差、價格下跌。

☑在生產相對穩定的情況下，需求增加會造成工業金屬價格上漲，因此可以肯定景氣好壞與工業金屬價格成正比。
☑工業金屬價格是景氣循環的領先指標。

Step 1

從新聞得知相關資訊

例 今天早上看新聞得知倫敦金屬交易所（LME）三個月來基本工業金屬期貨多數上漲，其中銅價上漲 1.7%。

Step 2

評估事件的重要性與影響層面

例 國家建設、工業發展都必須使用大量的工業金屬，而工業發展又與景氣興衰與否成正比，因此工業金屬是預測景氣好壞的領先指標，當景氣好時，工業金屬價格上漲；景氣不佳時，工業金屬價格下跌。其中，銅為房屋建設與汽車製造業的重要原料，銅價大幅度上漲值得關注。

Step 3

找出更多具體消息交叉比對，推估可能的發展

例 從供給面來看，顯示目前銅礦的產量十分穩定，供給面引起的價格波動機率不大。反觀需求面，新興國家目前需求旺盛，其中又以中國需求最旺，占總需求的 40％。因此，接下來就要進一步觀察中國未來的發展趨勢。

Step 4

隨時更新資訊，掌握事件走勢

例 情況 1：變好

從官方資料中觀察中國未來幾季的產能評估，發現中國國家統計局公布第三季國內生產總值高於先前預估值，中國房產與汽車製造業未來需求強勁，因此國內金屬需求前景看好。

例 情況 2：變糟

彭博社在報導中指出，因大陸房地產與汽車製造業目前有放緩的跡象，導致需求減少。加上，全球銅礦產能年擴張過快，與去年同期比飆升了 11.5％，供給大過於需求的情況下，銅價未來可能不升反跌。

Step 5

確認事件的嚴重程度，分析影響範圍

例 情況 1：良好

中國的實際需求增加，加上外資對中國前景看好，仍然對中國房產與汽車製造業加碼投資，因此銅價未來肯定飆漲。

例 情況 2：復原緩慢、或惡化

中國實際經濟成長結果不如預期，外資對於中國房產與汽車製造業前景看壞，仍處於觀望狀態，此舉可能導致銅未來需求走軟，而產能過剩也將導致銅價下跌。

Step 6

從當年度推演對未來的影響程度

例 情況 1：僅為短期影響

可以確認中國這幾季對銅的需求不變、甚至增加，可以預期銅價將上漲。

例 情況 2：有長期影響之虞

消費大國中國，景氣復甦程度有限，另外，近年來銅產量有過剩之虞，加乘之下，中期價格趨勢可能只會持平走緩、長期還須再多觀察未來幾季需求是否回溫，否則銅價就會開始下跌。

如何掌握能源的價格趨勢？

能源的用途多元，供給與需求面的影響範圍廣，因此，觀察趨勢時總讓人不知該如何著手。但其實能源的指標性商品就是石油，只要善加觀察、分析油價變化就能了解能源類產品的未來趨勢。

近二十年能源價格走勢與影響因素

　　整體而言，油價逐年攀升。1970年代以前，油價一直維持在低檔，1970～1980年中東地區的戰爭與動盪，造成了油價的推升。從每桶不到2美元升高至每桶40美元。而後，因產能的擴增，油價回檔趨於平穩，並以大漲小回的形勢逐年繼續往上漲。影響石油價格的因素有戰爭、需求、景氣、以及突發氣候變化，以下圖做說明。

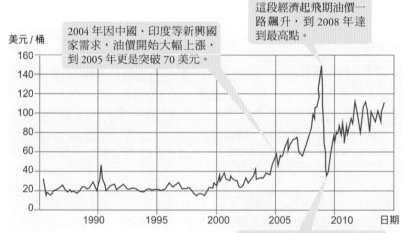

2004 年因中國、印度等新興國家需求，油價開始大幅上漲，到 2005 年更是突破 70 美元。

這段經濟起飛期油價一路飆升，到 2008 年達到最高點。

2009 年因為美國持續釋出戰備儲油，使得石油價格狂跌，來到歷史低點 30 美元左右。

主要能源供給國與需求國

　　影響能源產品價格的因素無論是戰爭、氣候、人口增加都與生產國的供給、消費國的需求有相關，因此將重點放在主要生產國與消費大國情勢，將能掌握能源價格的脈動。

原物料	生產國的全球占比		消費國的全球占比	
石油	俄羅斯	13%	美國	22%
	沙烏地阿拉伯	12%	中國	10%
	美國	9%	日本	5%
	伊朗	5%	印度	4%
	中國	5%	俄羅斯	4%
	加拿大	4%	沙烏地阿拉伯	3%
	墨西哥	4%	巴西	3%
	阿拉伯聯合大公國	3%	德國	3%
	科威特	3%		
天然氣	美國	20%	美國	23%
	俄羅斯	18%	俄羅斯	12%
	加拿大	5%	伊朗	4%
	伊朗	4%	中國	3%
	卡達	4%	日本	3%
	挪威	3%	加拿大	3%
	中國	3%	英國	3%
	沙烏地阿拉伯	3%	沙烏地阿拉伯	3%
	印尼	3%	德國	3%
	阿爾及利亞	3%	義大利	2%
煤炭	中國	48%	中國	48%
	美國	15%	美國	15%
	澳洲	6%	印度	8%
	印度	6%	日本	4%
	印尼	5%	俄羅斯	3%
	俄羅斯	4%		
	南非	4%		
生質燃料	美國	44%		
	巴西	27%		
	德國	5%		
	法國	4%		
	阿根廷	3%		
	中國	2%		
	加拿大	2%		

再生能源		美國	25%
		德國	12%
		西班牙	8%
		中國	8%
		巴西	5%
		義大利	4%
		日本	3%
		印度	3%
		英國	3%
		瑞典	3%

每個國家都有自行研發再生能源與生質能源，替代、減少對石油的需求，但因再生能源無法像煤炭或石油一樣運輸，所以並沒有國際交易產生。表中的消費、生產國僅代表對再生能源的使用、生產占比較大者。

如何觀察未來趨勢

　　能源產品是所有原物料商品最具代表性的領頭羊，因為所有商品生產過程都需要使用到能源，所以能源產品的價格會連帶影響到其他原物料商品的價格。與其他原物料商品相同，能源產品的價格主要是受到供給、需求面的影響。

產能面

生產

原油的供應最主要來自於 OPEC（石油輸出國家組織）國家，其中又以中東為最主要的生產地。

當中東地區發生戰爭→油價上漲
當中東地區政局穩定→油價平穩

需求

新興國家興起，對於能源產品的需求上升，尤其是中國的需求量，對於目前的世界產能有顯著的影響力。

需求增加→油價上漲
需求減少→油價下跌

氣候

氣候的因素會影響能源的開採作業，例如墨西哥灣颶風多，時常破壞原油、天然氣管線，造成能源產品供應受損、價格上漲。

預測北美氣候酷寒→油價上漲
預測北美暖冬→油價下跌

經濟面

景氣循環

景氣好轉，全球各行各業都需要能源來運轉生產，因此對能源產品需求增加，進而推升能源產品的價格。

景氣好轉→油價上漲
景氣衰退→油價下跌

3 了解原物料走勢的規律

學會推演能源的未來價格

能源價格是極具代表性的投資指標,因此,仔細分析收集到的資訊,並從中找到投資時可遵循的法則,是投資成功的第一步。

如何推演能源的連動關係

影響能源產品價格的因素,主要是來自於產能的供給量與需求量。

掌握基本重要資訊

- 油價區間變動幅度不大,主要由供給與需求面來決定。
- 主要生產國是俄羅斯13%、沙烏地阿拉伯12%、美國9%;消費大國則為美國22%與中國10%。

☑ 石油工業是民生經濟產業,產品廣泛用於國民經濟、人民生活各個領域。

☑ 因為石油影響層面廣,因此油價的漲跌往往會帶動整體經濟走向。

Step 1

從新聞得知相關資訊

例 從早上新聞得知俄羅斯與烏克蘭政局情勢不穩,歐美聯合抵制俄羅斯經濟。

Step 2

評估事件的重要性與影響層面

例 抵制經濟的做法通常為,雙方相互禁止進口、及出口重要的原物料商品給對方,藉此造成對方經濟上的損失、甚至衰退。俄羅斯為主要產石油、天然氣大國,同時也是歐盟主要天然氣供應商,因此實施經濟制裁時,歐盟將首當其衝,一旦石油與天然氣供應不足,油價就會上漲,引發物價上揚,最終導致通膨危機。

Step 3

找出更多具體消息交叉比對，推估可能的發展

例 俄羅斯為產石油（包含原油與天然氣）第一大國，若是俄羅斯展開報復行動，可以預期市場的原油和天然氣的供給必定會減少。另外，俄羅斯的天然氣占歐盟整體消費量的 1／3，而天然氣與原油往往做為替代燃料使用，因此一旦供給小於需求時，歐洲油價一定會立刻上漲。值得注意的是，美國為石油消費大國，平時都有戰備儲油的措施，每當國際間的原油供需失衡、或是自己儲油過多，便會釋放儲油來穩定油價。

Step 5

確認事件的嚴重程度，分析影響範圍

例 情況 1：良好

第一階段的報復措施後，美國已介入政治調停，情況日漸明朗，加上美國也開始釋出戰備儲油給歐盟紓困，使得歐盟天然氣與原油供需暫時獲得平衡，油價趨於穩定。

例 情況 2：復原緩慢、或惡化

美國已介入政治調停，但幾次談判結果皆失敗，俄羅斯限制出口量愈來愈大，美國釋放的戰備儲油已嚴重不足，因此取消釋油措施，歐盟油價立即飆漲。

Step 4

隨時更新資訊，掌握事件走勢

例 情況 1：變好

俄羅斯已經展開第一階段的報復措施，減少原油與天然氣出口，主要消費國歐盟因為還有短期庫存，目前初步油價雖有微幅波動、但影響程度仍不大。

例 情況 2：變糟

第一階段的報復措施後，市場仍高度預期俄羅斯將分段進行長期經濟制裁，歐盟雖有短期庫存，但因存量無法供給長期需求，市場預期心理造成油價出現大幅上漲走勢，長期下來仍有很大變數。

Step 6

從當年度推演對未來的影響程度

例 情況 1：僅為短期影響

短期的經濟制裁雖然一度造成油價上漲，但由於歐盟有短期的需求庫存量、且美國有即時釋油，原油與天然氣供需還可以維持平衡，短期油價僅有小幅上揚，之後就平緩、持平了。

例 情況 2：有長期影響之虞

由於衝突持續無法解決，演變成長期經濟行動，讓歐盟原油與天然氣供需嚴重失衡，油價長期走勢必定飆升，民生物資也跟著上漲，若持續擴大就有通膨問題產生。

93

三大類原物料間的關聯性

原物料價格的未來趨勢、漲跌幅度,都與景氣循環有很大的關係。因此,了解這三大原物料彼此、與景氣循環間的關聯性,能有助於投資者做為未來投資判斷的指標。

◆ 景氣循環曲線

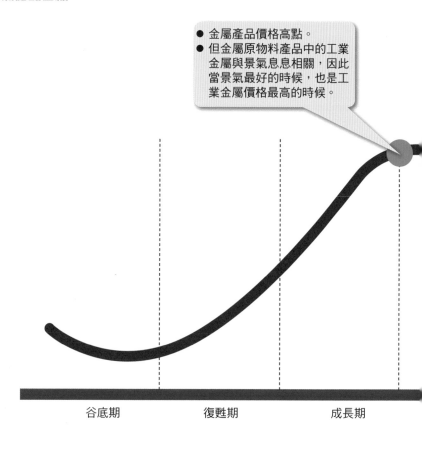

- 金屬產品價格高點。
- 但金屬原物料產品中的工業金屬與景氣息息相關,因此當景氣最好的時候,也是工業金屬價格最高的時候。

谷底期　　　　復甦期　　　　成長期

三種原物料商品間的關係

　　三大原物料的價格高點，若依照景氣的起伏來判斷時，金屬產品會最早出現，而且大部分是領先或與經濟景氣高點同步。能源類的原物料則大約晚金屬產品3～6個月的時間出現。相對於另外兩種原物料產品，農產品的價格波動與景氣起伏關聯性較低，但與收成季節的關聯性較大。

● 能源產品價格高點。
● 能源產品價格提高的同時，金屬產品也會因成本增加，使得原本已經高漲的價格再度攀升增加。

● 農產品價格高點與景氣關聯不大。
● 但在能源產品價格上漲後，農產品會因成本增加，使得供應減少，這時也有可能造成價格小幅度的上揚。

在景氣衰退中末期，當其他原物料價格紛紛下跌時，貴金屬的價格反而會逆勢上漲，這是因為此時消費者會購入保值的貴金屬來避險。

時間軸

期　　　　衰退期　　　　谷底期

Chapter

運用投資工具
投資原物料

要達到財富累積的目標，就必須懂得善用投資工具。目前，國內外有相當多關於原物料的投資工具，包括股票、基金、期貨等。除了可以做為投資人投資原物料時的投資工具外，也能在不同時機交換使用，分散風險。

本篇教你

- ⊘ 認識各種原物料投資工具
- ⊘ 國內的原物料投資工具
- ⊘ 國外的原物料投資工具
- ⊘ 各種原物料投資工具的獲利方式
- ⊘ 各種原物料投資工具的優點
- ⊘ 可以投資的市場範圍

投資原物料可用的投資工具

可用來投資原物料的投資工具相當多，包括了股票、基金、ETF、期貨、與選擇權，每一種投資工具都有不同特性、操作難易度、及資金門檻也不盡相同，投資人應依照自己的需求來做選擇。

◆ 與原物料相關的投資工具

投資工具	特性	投資範圍	操作難易	資金門檻	風險	適合對象
股票	• 股票是一種無償還期限的有價證券。 • 持有股票就等於是該公司的股東，有權從公司領取股息或分得股價上漲的獲利。 • 股票本身可以在股票市場上流通交易。	☑ 國內 ☑ 海外	中～高	數千元～數十萬元	中	穩健型
基金	• 投資大眾將資金委託給投信基金公司，由專業經理人負責管理投資。 • 不管基金賺賠，所有投資者都將一起分擔。	☑ 國內 ☑ 海外	低	數千元	低	保守型
ETF	• 追蹤一籃子原物料股票或期貨製成的指數，以高於指數或低於指數做為績效表現。 • 投資組合不能變更。 • 漲跌由標的指數決定。	☑ 國內 ☑ 海外	低	數千元～數萬元	低～中	穩健型
期貨	• 以法定契約約束買、賣方權利義務的原物料交易。 • 屬於高槓桿操作的投資工具 • 市場直接受到原物料供需影響，常做為反應未來的先行指標。 • 投資連結原物料本身，可用來避險、亦可做為投資工具。	☑ 國內 ☑ 海外	高	數千元	高	積極型

選擇權	・以法定契約約束買、賣方權利義務的投資工具。 ・屬於高槓桿操作的投資工具。 ・市場直接受到原物料供需影響，亦常為預期未來的指標。 ・投資連結原物料本身，可避險、亦可單純投資。	☑國內 ☑海外	高	數千元	高	積極型
現貨	・直接購買原物料現貨	☑國內 ☑海外	低	數千元	低	保守型

了解投資工具的連結標的物

　　除了認識投資工具外，投資人還須確實了解你所投資的標的內容物為何。在農產品、金屬、及能源三大類原物料的投資工具中，交易現貨如買一塊金條，通常也只有部分貴金屬會這樣投資。

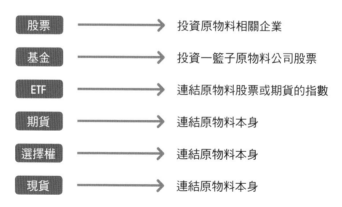

股票　──→　投資原物料相關企業

基金　──→　投資一籃子原物料公司股票

ETF　──→　連結原物料股票或期貨的指數

期貨　──→　連結原物料本身

選擇權　──→　連結原物料本身

現貨　──→　連結原物料本身

認識國內、外可用的原物料投資工具

雖然投資工具種類眾多，但某些投資工具在國內仍尚未開放，市場較不成熟，無法直接購買，或能購買的種類較少。雖然國外原物料投資工具種類相對較多、且齊全，但國外投資方式、法規等都可能與國內有所差異，投資人在投資前，需要詳加比較投資環境、收費情況、相關規定等。

國內可投資的項目

先介紹國內可使用的投資工具，對初階投資人來說，先從國內市場開始投資會比較好，因為投資規則與投資語言都是自己熟悉的，可減少人為出錯的風險。

原物料	股票	基金	ETF	期貨	選擇權	現貨
農產品	國內食品加工、化學肥料相關廠商股票	• 國內信託發行、投資國內、海外的農產品基金 • 券商代理，投資國外的農產品基金	無	無	無	無
金屬	國內金屬工業、鋼鐵工業、回收產業公司股票	• 國內信託發行、投資國內、海外的金屬產品基金 • 券商代理，投資國外的金屬產品基金	無	• 黃金 • 期貨	無	• 金銀條 • 金銀幣
能源	國內能源與再生能源產業公司股票（以太陽能產業為大宗）	• 國內信託發行、投資國內、海外的能源基金 • 券商代理，投資國外的能源基金	無	無	無	無

國外可投資項目

當投資人想要購買國外的原物料金融商品時,最簡單的方法是透過國內的金融券商,在券商指定的銀行中開戶,存入一定的金額,並簽署相關的文件,就能進行操作。

但國內券商並非無所不包,能在國內券商購買到的外國金融商品有一定的限制,通常券商都會選擇交易量大的金融商品進行交易。因此當投資人想投資的國外金融商品,超出國內券商業務範圍時,投資人就須親自到該國的銀行開戶,再透過國外券商下單或自行購買。

投資工具	農產品	金屬	能源	原物料生產國
現貨	無	金銀條、金銀幣	無	無
股票	國外穀物產品、食品加工、化學肥料、農業基改科技等公司股票	國外金屬工業、鋼鐵工業、運輸製造業、貴金屬買賣等公司股票	國外石油、煤與其他燃料、探勘與煉製、再生能源產業等公司股票	無
ETF	連結農產品股票、期貨、實體產品的ETF	連結金屬股票、期貨、實體產品的ETF	連結能源股票、期貨、實體產品的的ETF	無
基金	國外發行的農產品基金,投資國外農產品相關股票	國外發行的金屬產品基金,投資國外金屬產品相關股票	國外發行的能源基金,投資國外能源產品相關股票	無
期貨	連結各式農產品的選擇權商品	連結各式金屬產品的選擇權商品	連結各式能源產品的選擇權商品	無
選擇權	連結各式農產品的選擇權商品	連結各式金屬產品的選擇權商品	連結各式能源產品的選擇權商品	無

INFO 外匯、房地產、與債券也是值得關注的標的

在原物料需求推動下,原物料產國的經濟蓬勃發展,造成全球投資人紛紛進入該國投資,其中外匯、房地產、與債券也是重要的投資標的,存在投資炒作的獲利空間,值得投資人注意。

④ 運用投資工具投資原物料

認識原物料股票

股票就是公司的所有權憑證，擁有公司股票的投資人，就是公司的股東，當公司獲利時、或者公司股價上漲時，股東就可以分到股利、或轉賣股票賺取價差。原物料股票指的就是與原物料買賣、生產、運輸等等相關的公司股票。

股票如何投資獲利

股票是一家公司的所有權憑證，會隨著公司營運狀況、及市場看好度造成股票價格上漲或下跌，投資人就是藉由持有股票分享公司盈虧、及股票漲跌。

實例 小黃去年用每股 19.1 元購買了七張金屬公司的股票，股票每張有 1,000 個股利單位，因此小黃共花了 133,700 元（19.1×1,000×7）。今年底這間金屬公司有獲利盈餘，因此發放股利每股股利現金 3.50 元，股票股利 1.5 元，請問今年小黃會得到多少股利呢？之後，小黃又發現這隻股票每股上漲到 23.2 元，因此想將股票全部賣出，賣出後會賺得多少股票獲利呢？

① 股利

投資人買進原物料公司的股票後，就能成為該公司的股東，在公司獲利良好時還會分股利給股東。發放的方式有兩種，以現金方式發放的股利現金（配息），另一種則是以股票方式發放的股票股利（配股）。

- 現金股利＝股利現金 × 股票張數 ×1,000 個股利單位
  - ＝ 3.5×7×1000
  - ＝ 24,500 元
- 股票股利＝（股票股利／ 10）× 股票張數 ×1,000 個股利單位
  - ＝ 1.5 ／ 10×7×1000
  - ＝ 1,050 股

結論→小黃會分得公司發放的是現金（現金股利）24500 元，還有公司發放股票（股票股利）1050 股，因此目前小黃共有 8050 股份（7×1000 ＋ 1050）。

② 股票價差

　　股票的報酬方式，主要是賺取公司未來上漲的資本利得，這是就是賺股價的價差部分。因此當股票的賣價＞買價時，就能轉手賣出賺取差價。

- 股票獲利＝（賣出價格－購買成本）× 股票張數 ×1,000 個股利單位
　　　　　＝（ 23.2 － 19.1 ）×（ 7000 ＋ 1050 ）
　　　　　＝ 33,005 元

　　結論→小黃則賺取到 33,005 的價差。

　　股票是台灣投資人最常使用的投資工具之一，尤其喜好短期投資者，但須注意，正是因為股票買賣簡單、獲利快，因此進場時機就成了獲利關鍵，需要在這裡多下工夫。

原物料股票值得投資的理由

投資原物料股票和其他原物料金融商品相較，有下列幾項優點：

1 投資金門檻不高

由於股票價位多樣化，因此投資人可選擇自己財力可以負擔的股票來投資，投資金額從數千元到數萬元。若是資金真的不足，也可以改變操作策略，用零股買賣、以多次進出市場的方式來投資，縮小每次投資金額，而這也是大眾喜愛投資股票的最主要原因。

2 變現性高

股票在股票市場中很容易脫手賣出，換取現金，不需長的時間等待買家，通常都能在當天賣出股票，下下一個交易日便可以收到股款。與基金、期貨、選擇權相較，變現性較佳。但目前台灣股票市場中的上市公司愈來愈多，因此也開始出現一些流動性不佳的股票，投資人在選擇股票的時候，需多加注意。

3 可分配股利

在持有股票的期間，只要該公司當年度獲利，都能領取股利，其中，股利包括了股息和紅利。股息是公司根據股東持有比例，分配盈餘給股東；紅利則是從股息以外的盈利再分配給股東。因此，股息率是固定的，但紅利率不是。

4 投資報酬率較高

與其他金融商品相較，股票的投資報酬率相對較高。但必須注意，因為投資人投資股票時間都十分短暫，所以承擔的風險也較高，因此投資原物料股票時，應在可動用的資金充足、即使拉長投資期間也不至於造成財務不便的情況下操作。

如何投資國內、外股票？

股市交易的場所稱為股票市場，是讓投資人買賣、交易股票的公開市場。想要投資原物料相關企業、公司的投資人，可以到股票市場中尋找標的物，也可在此出售手中持有的原物料公司股票，換取現金，這是股票市場的交易運作過程。

投資國內原物料股票的流程

投資人購買國內原物料相關公司的股票，與購買一般股票過程相同，流程如下：

買方

投資人先到證券商開戶。 → 將一定金額存入指定銀行。 → 投資人透過證券商下單買進、賣出股票。 →

券商將買賣資訊彙整給證交所，謀合股價。 → 將一個謀合價格提供給投資人。 → 投資人確認價格。 → 交易完成，買進股票。

賣方

投資人透過證券商將股票賣出。 → 券商將買賣資訊彙整交給證交所，謀合股價。 → 將謀合價格提供給投資人。

→ 投資人確認價格。 → 交易完成，賣出股票。

投資國外原物料股票過程

　　國內投資人主要參與的股票市場通常為國內上市公司，但由於國內原物料相關上市公司有限，因此台灣投資人若有興趣，可將投資範圍擴展到國外市場。但國外產業訊息不易掌握，宜先以美國、日本等大國的股票市場為主。

買方

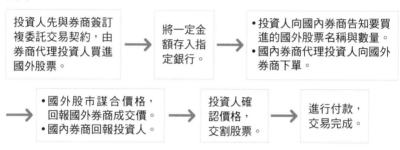

投資人先與券商簽訂複委託交易契約，由券商代理投資人買進國外股票。

→ 將一定金額存入指定銀行。

→ • 投資人向國內券商告知要買進的國外股票名稱與數量。
• 國內券商代理投資人向國外券商下單。

→ • 國外股市謀合價格，回報國外券商成交價。
• 國內券商回報投資人。

→ 投資人確認價格，交割股票。

→ 進行付款，交易完成。

賣方

• 投資人向國內券商告知要賣出的國外股票名稱與數量。
• 國內券商代理投資人向國外券商下單。

→ 等待國外股市謀合價格，回報國外券商成交價。

→ • 國外股市謀合成功，回報國外券商成交價。
• 國內券商回報投資人。

→ 投資人確認價格，交割股票。

→ 款項匯入，交易完成。

INFO 什麼事是複委託

在台灣，投資人若想透過券商投資海外金融商品，就必須填寫一份複委託（受託買賣外國有價證券開戶契約），因為金融監督管理委員會規定，證券商若要協助投資人，必須以代理人身分，也就是，投資人委託國內的券商下單，營業員再委託海外的分公司下單的方式進行交易。但注意，不是所有金融商品都可以如此，必須以金融監督管理委員會指定的外國證券市場交易之股票、認股權證、受益憑證、存託憑證及債券為限。

國內主要原物料股票

　　國內因耕地有限、缺乏礦產與能源，因此上市公司中很少直接與原物料生產相關的公司。但值得注意的是，國內有許多公司是與原物料相關的中下游產業，例如農產加工、銅片生產、石化製造等，投資者可以藉由投資這些公司來投資原物料。

● 認識原物料概念股

專門的原物料股票雖然不多，但可從原物料概念股下手。也就是不僅是某一股票類別而已，還可延伸中、下游廠商、周邊製造商等供應、生產鏈相關的產業個股。概念股中的各公司股價都會受到指標性原物料價格波動而漲跌。

實例 股市財金專家常說：「未來穀物仍缺，對肥料需求非常強勁。」

國際農產品需求增加。 → 農民加入種植玉米、小麥等效益高的農作物。 → 間接影響農業機械設備、農藥、肥料的需求。 → 農業概念的股票價格因此上揚。

實例 新聞報導中提到：「未來中國將大量需求汽車，金屬需求強勁。」

汽車需求增加。 → 生產商增加汽車生產。 → 間接影響金屬零件的需求。 → 金屬概念的股票價格因此上揚。

實例 投顧資訊：「油價未來將會上升，生產設備製造商的股價將大漲。」

油價預期未來會上漲。 → 石油廠商準備生產更多的石油。 → 石油相關生產設備需求量增加。 → 石油相關生產設備價格大漲。

農產品股票

與農產品相關的股票，稱為「農金概念股」。另外，國內的食品類股雖與農產關係較不明顯，但食品廠需使用農產作物加工製造成食品，例如食品工廠使用的油來源是黃豆，想要投資國內農產品的人不妨以食品公司股票為標的多加觀察。

●國內農產概念股①：肥料、農藥

公司	股票代號	業務	分類	要點提示
福壽	1219	有機肥料、生技農藥 傳產	食品業	喜瑞爾寵物食品、福壽大豆沙拉油、福壽胡麻油
中石化	1314	硫酸銨（肥料）傳產	塑膠	肥料的上游原料供應商
東鹼	1708	鉀肥傳產	化學工業	台灣唯一製作鉀肥的公司
和益	1709	農藥傳產	化學工業	農藥原料的上游原料供應商
東聯	1710	農藥原料 傳產	塑膠	乙二醇生產大廠
興農	1712	農藥、生物肥料傳產	生技	食品、化學、精緻農業多角化經營
台肥	1722	肥料（尿素、2EH、DOP) 傳產	化學	國營事業之一
中華化	1727	水質淨化劑、硫酸傳產	化學工業	跨足電子、光電領域
永豐餘	1907	生物肥料傳產	紙業	原為造紙企業，後轉型進入多角化經營
中美實	4702	肥料、飼料買賣傳產	化學工業	染料為主，食品飼料等非公司主業
美琪瑪	4721	肥料零售傳產	化學工業	氧化觸媒為主的公司
惠光	6508	植物保護劑傳產	紡織纖維	農藥生產大廠

●國內農產概念股②

公司	股票代號	要點提示	公司	股票代號	要點提示
味全	1201	台灣大型食品企業，頂新集團之一	大成	1210	飼料和肉品為主要營收來源
統一	1216	食品大廠，跨足零售、物流等多角化經營	泰山	1218	食品、飲料，並跨足物流、零售業
福懋油	1225	生產油脂產品為主	聯華	1229	麵粉、食品加工為主
天仁	1233	茶葉、餐飲事業為公司營業主軸	興泰	1235	畜牧、家禽、家畜飼料
味王	1203	速食麵、味精為主要營收來源	大飲	1213	蘋果西打、寶特系列、果汁飲料
愛之味	1217	主要生產罐頭、調味料和飲料	龍燈	4141	農藥、非轉基因作物
佳格	1227	主要生產廚房料理食品	聯華食	1231	生鮮、堅果、休閒食品
卜蜂	1215	飼料、生鮮肉品	南橋	1702	油脂產品、零食、冰品
台榮	1220	飼料、果糖	黑松	1234	飲料
大統益	1232	油脂產品	宏亞	1236	巧克力、糕餅

4 運用投資工具投資原物料

金屬股票

台灣股票市場中，與金屬相關的產業，主要可分為三種，分別是銅礦概念股、鋼鐵概念股、金屬回收概念股。由於國內沒有生產大量金屬礦產，因此台灣金屬礦物產業主要集中於中、下游的生產、製造，而上游的開採、探勘事業主要都由國外的大公司負責供應。以銅礦為例，整體的供應鏈如下：

上游	中游	下游
開採銅礦 • 智利 • 墨西哥 • 印尼 …等生產國	**電解銅** • 日本公司 • 加拿大公司 • 印尼公司 …等國外公司	**生產銅片** • 大多數由台灣廠商生產 • 小部分從國外進口 **生產其他銅製品** • 銅箔、基板廠 • 電線電纜 • 五金類 …等產業

◆ 國內銅礦概念股

公司	股票代號	業務分類	營收來源
第一銅	2009	銅片供應	高性能銅片
新泰伸	5017		銅片及廢銅料
名佳利	2016		各式銅片
華新	1605	電線電纜	裸銅線
宏泰	1612		電力電纜、銅箔基板
大亞	1609		聚乙烯電力電纜
成霖	9934	五金類	水龍頭、陶瓷類
福興	9924		門用金屬
南亞	1303	銅箔基板	聚酯纖維、銅箔基板
南電	8046		印刷電路板
台燿	6274		銅箔基板
聯茂	6213		銅箔基板
日月光	2311	封裝測試	封裝產品、電子代工
矽品	23225		封裝、測試半導體為主

◆ 國內鋼鐵概念股

公司	股票代號	業務分類	營收來源
中鋼	2002	鋼品設計、製造、買賣、儲運	台灣最大的鋼鐵企業
勤美	1532	鋼筋與鋼胚	跨足商場等行業
東鋼	2006		
豐興	2015		
威致	2028		
海光	2038		
燁興	2007	線材	
春雨	2012		
官田鋼	2017		
聚亨	2022		
佳大	2033		
三星	5007		
高興昌	2008	鋼管	
美亞	2020		
大成鋼	2027		
彰源	2030		
彰源	2030		
春源	2010	鋼板與鋼捲	
新光鋼	2031		
允強	2034		
中鴻	2014		中鋼的子公司
燁輝	2023		
千興	2025		
盛餘	2029		
新鋼	2032		
中鋼構	2013	鋼構	
世紀鋼	9958		
志聯	2024		

◆ 國內貴金屬概念股

公司	股票代號	業務分類	營收來源
光洋科	1785		貴金屬與薄膜製造商
泰銘	9927	貴金屬材料	鉛合金錠
佳龍	9955		貴金屬銷售
金益鼎	8390		廢金屬買賣

能源股票

　　台灣關於能源的供應、生產，跟外國市場不太相同。台灣的能源供應者大多為政府單位、國營事業，所以沒有上市上櫃，投資人因此無法在市場中買到能源產業的股票。但是，台灣有非常多再生能源的相關類股，尤其是太陽能產業，值得投資人多參考觀察。以下為太陽能產業鏈：

上游

太陽能矽晶圓
分為：
• 多晶矽
• 單晶矽

中游

矽太陽能電池
分為：
• 矽薄膜太陽能電池
• III-V 族太陽能電池
• 銅銦鎵硒薄膜太陽
• 能電池

下游

太陽能模組

其他製品
• 太陽能相關器材與設備，例如晶圓檢測儀器、燒結爐、網印機等
• 太陽能轉投資，如LED 等
• 光電產業等能電池

◆ 國內太陽能股票

公司	股票代號	業務分類	營收來源
中美晶	5483	上游矽晶圓	半導體晶片
合晶科技	6182		半導體晶片
綠能	3519		太陽能矽晶片
台勝科	3532		矽晶圓
統懋	2434		二極體
尚志	3579		多晶太能能矽晶片
茂迪	6244	中游矽太陽能電池	
旺能	3599		
益通光能	3452		
昱晶能源	3514		
昇陽科	3561		
太陽光	3566		
新日光	3576		
茂矽	2342		
鍊德	2349	下游太陽能模組	
科風	3043		
頂晶科	3562		
和鑫	3049	矽薄膜太陽能電池	
嘉晶	3016	III-V 族太陽能電池	
華宇光能	2381		
晶電	2448		
華上	6289		
全新	2455		
佰鴻	3031		
海德威	3268		
萬洲	1715	銅銦鎵硒 (CIGS) 薄膜太陽能電池	
川飛	1516		

台玻	1802	玻璃製品
國碩	2406	導電漿
安可	3615	觸控面板零件
永光	1711	色料化學品
九豪精密	6127	陶瓷基版
台虹科技	8039	太陽能背板
昇貿科技	3305	錫相關產品
盟立	2464	
萬潤	6187	
帆宣	6196	
均豪精密	5443	
志聖	2467	
港建	3093	
陽程科技	3498	
大聯大	3702	
崇越科技	5434	
華立	3010	
友尚	2403	
台半	5425	半導體
強茂	2481	半導體
臺聚	1304	塑膠
台苯	1310	塑膠
榮化	1704	化工
聯電	2303	半導體
中環	2323	半導體
鼎元	2426	光電
興勤	2428	電子零件

太陽能電池生產材料

太陽能電池相關設備

太陽能電池相關產品代理

轉投資生產太陽能電池

吉祥全	2491		光電
奇美電	3009		光電
李洲科技	3066	轉投資生產太陽能電池	光電
景碩	3189		半導體
大億科技	8107		電機機械
廣運機械	6125		光電
立碁電子	8111		光電
光寶科	2301		電腦及周邊設備
力晶	5346	轉投資生產太陽能電池	半導體
台達電	2308		電子零件
億光	2393		光電
東貝	2499		光電

◆ 國內風能股票

公司	股票代號	業務分類	營業來源
東元	1504		重電產品
中興電	1513		公共工程
華城	1519	風力發電	電力變壓器
上緯	4733		環保樹脂
亞力	1514		電子材料

◆ 國內自行車股票

公司	股票代號	業務分類	營業來源
巨大	9921	自行車	捷安特
美利達	9914		美利達

國際主要原物料企業

通常原物料公司需要龐大的資金來收購、生產，因此主要的大型企業都設立在幾個主要的先進國家。因此，全球原物料投資市場主要也集中在美國、日本等大國。而這些國家的市場相對穩定，對於投資人來說比較有保障。投資人應該選擇幾個主要大國的投資市場來觀察會比較有效率。

農產品

　　除了農業生產的大公司外，與生產作物相關的公司，還包括農機設備製造商、肥料商、以及基因改良公司等，都與農產品有密不可分的關係，這些都包含在農產品的相關概念股中。目前世界上主要的農產品公司與相關企業都集中在美國，因為美國的農產品大多是大規模經營。另外，美國也是全球消費農產品最多的國家，因此這些上市公司也成為投資國外農產品市場的重要標的。

◆ 國際農產品市場中值得投資的重量級企業

市場	種類	公司名稱	要點提示
美國	稻米	Riceland Foods, Inc	
	穀物	Archer Daniels Midland Company（阿徹丹尼爾米德蘭公司）	全球最大農業生產加工與製造公司
		Bunge Limited（邦吉公司）	農業與食品
	農機設備製造廠商	Case New Holland（CNH Global）	
		Deere & Company（迪爾公司）	美國農機巨頭
	肥料	Mosaic Company	
		Potash Corporation of Saskatchewan Inc（薩斯喀公司）	鉀肥公司
		Monsanto Company（孟山都公司）	美國的跨國農業生產技術公司
	基因改造	Monsanto Company（孟山都公司）	美國的跨國農業生產技術公司
		Nestlé S.A.（雀巢公司）	

金屬產品

　　無論是貴金屬或工業金屬，從探採、開發、到生產，往往都由生產國政府經營管理，屬於國營企業。在市場壟斷的情況下，國際上主要金屬市場中的大公司，生產量往往非常驚人，又分為金屬開採公司、金屬買賣交易公司等。一旦全球工業產能開始成長時，包括鋼材、銅、鋁等工業原料公司的股價必定會開始走揚。

◆ 國際金屬市場中值得投資的重量級企業

市場	種類	公司名稱	要點提示
美國	金屬與採礦	Newmont Mining Corporation（紐蒙特礦業公司）	美國最大製造生產的金屬商
	鋁	Alcoa Inc（美國鋁業公司）	
	白銀	Pan American Silver Corporation（泛美銀業公司）	
		Polymetal International plc	
		Coeur d'Alene Mines Corporation	
		Calumet and Hecla Mining Company	
	鋼鐵	Nucor Corporation	
		United States Steel Corporation（美國鋼鐵公司）	
日本	銅	Sumitomo Metal Mining Co Ltd（住友金屬礦山株式會社）	
	鋼鐵	Nippon Steel & Sumitomo Metal Corporation（新日本鋼鐵株式會社）	生產較高階的鋼鐵產品

能源產品

　　國際的能源公司經營型態與國內非常不同，主要是從事開採、鑽探、以及提供煤、石油、天然氣的綜合型大企業。目前，美國天然氣挾著頁岩氣的價格優勢，使全球天然氣市場重新洗牌，相關能源類股將同步受惠。頁岩氣的崛起不僅促進相關開採設備與基礎建設的發展，同時催生大量配套產品與相關服務產業，為能源產業注入新活力。若想參與頁岩油氣成長商機，可透過加碼石油設備與服務（E&S）與石油探勘與生產（E&P）類股著手。

◆ 國際能源市場中值得投資的重量級企業

市場	種類	公司名稱	要點提示
美國	石油與天然氣鑽井	Transocean Ltd	
	石油天然氣設備與服務	Halliburton Company	全球第二大油田服務公司
		Schlumberger Limited（斯倫貝謝公司）	全球最大油田服務公司
	綜合性石油與天然氣企業	Exxon Mobil Corp（埃克森美孚公司）	全世界總市值最大的股票公開上市公司
	石油與天然氣的探勘與生產	Apache Corporation（阿帕奇能源公司）	
		Devon Energy Corporation（戴文能源公司）	
		EOG Resources Inc（依歐格資源公司）	
		Encana Corporation	
	煤與燃料	Arch Coal, Inc	
		Peabody Energy Corporation（皮博迪能源公司）	美國最大的煤炭企業
	再生能源	Consol Energy Inc	
		First Solar, Inc（第一太陽能公司）	太陽能電池供應商
日本	石油與天然氣的探勘與生產	Showa Shell Sekiyu Kabushiki Kaisha（日本昭和殼牌石油公司）	日本最大石油進口和精煉公司

認識原物料基金

基金是將大眾集資的資金委託給投信基金公司，由專業經理人負責管理投資，不管賺錢賠錢所有投資者都將一起分擔。原物料基金專指投資一籃子原物料相關類股的基金。由於投資基金門檻低，只要數千元即可投資，使得基金成為平民投資工具的代表。

基金如何投資獲利

原物料基金的獲利方式，主要來自基金投資的資本利得、基金的利息收入。另外，當購買外國基金時，匯兌價差也是投資收益來源之一。

實例 農金基金共募集到 1 億元美金，依照規定，新的基金每單位淨值為 10 美元，則該基金一共有 1,000 萬個單位，需依投資金額比例分給投資人。該檔基金為美元計價、有配息的基金，年配息 3.65%。大強以 1,000 美元購買這支基金，分得 100 個單位。

① 資本利得

績效佳

20檔股票有漲有跌，一年後結算，基金總資產由1億美元變成1億六千萬美元。

• 農金基金淨值＝投資標的物收盤價格總值／基金發行單位數
$$= 160,000,000 \ / \ 10,000,000$$
$$= 16（美元）$$

• 農金基金增值幅度＝增值前淨值－增值後淨值
$$= 16 - 10$$
$$= 6（美元）$$

結論→基金每單位增加6美元，大強持有100單位，共增值600美元。

績效不佳

20檔股票有漲有跌，一年後結算，基金總資產由1億美元變成六千萬美元。

- 農金基金淨值＝投資標的物收盤價格總值／基金發行單位數
$$= 60,000,000 ／ 10,000,000$$
$$= 6（美元）$$

- 農金基金增值幅度＝增值前淨值－增值後淨值
$$= 6 － 10$$
$$= －4（美元）$$

結論→基金每單位虧損4美元，大強持有100單位，共虧損400美元。

② 利息收入

- 利息收入＝購買本金 × 年配息率
$$= 1,000×3.65\%$$
$$= 36.5（美元）$$

結論→小強基金每年的利息收入有 36.5 美元

③ 匯率價差

若大強投入1,000美元購買該基金時，新台幣兌美元匯率為30.5，大強的投資金額即為新台幣30,500元（1,000×30.5）。假設一年後該檔基金讓大強賺進了600美元，大強想要將基金贖回，依此時匯率的情形，產生的匯差損益如下：

台幣貶值 →台幣幣值變小，美元可兌換更多台幣
例如台幣兌美元為 31.2
$$600×（31.2 － 30.5）= 420$$
→產生台幣 420 元的匯差收入

台幣升值 →台幣幣值變大，美元能兌換的台幣變少
例如台幣兌美元為 29.8
$$600×（29.8 － 30.5）= －420$$
→產生台幣 －420 元的匯差損失

原物料基金值得投資的理由

　　基金的投資門檻低，幾乎成了投資者入門的投資工具，但除了這項因素外，還因能分散風險、變現流動性高、有專業經理人管理、具有節稅功能等四項優點。

1 分散風險

基金是匯集大眾投資的錢來做投資，因此投資人能同時投資多檔原物料股票或原物料指數，透過多樣化的投資分散風險。另外，比起自行購買股票，可運用資金較少的投資人只能買一兩檔的情況，資金運用變化更多。

2 流動性高

基金的流動性較定存或房地產等投資的流動性高，如果急需用錢，只需將手上的基金贖回。通常原物料基金最長二週內即可兌現，相對於有些金融商品會有賣不掉的情況，大多數的原物料基金並沒有這個問題。

3 專業管理

原物料基金是將資金交給專業經理人管理操作，只要慎選優良經理人與基金公司，即使只有投資數千元，仍能享有專業的服務。對於時間不夠、專業知識還不熟悉的投資人而言，基金是一項不錯的入門投資工具。

4 節稅功能

原物料基金還有一個好處，就是可以當做節稅工具。尤其是外幣計價的海外原物料基金，由於個人投資海外基金所得屬於境外所得，除非所得與利息超過新台幣600萬元，否則都免徵所得稅。

如何投資國內、外基金？

在台灣的原物料基金市場中，可以分為國內基金與國外基金兩種。但區分國內、國外並不是指投資標的物的區域範圍是在國內還是國外，而是指基金的註冊地區。因此，投資人在投資時要先了解這點，才不會讓自己在分析、篩選投資標的物時，因認知錯誤而投資失利。

國內	發行者	國外
國內投信發行各種基金。		海外基金公司已發行各種基金。
⬇	發行狀況	⬇
經主管機關金管會證期局核准直接在國內發行。		由發行國的政府機關監督審核，再由國內的投顧公司引進國內。
⬇	對象與範圍	⬇
台灣投資人 ＋ 台灣與海外市場		世界各地投資人 ＋ 海外市場
⬇	操盤者	⬇
台灣操盤。		基金經理人在發行地操盤。
⬇	幣別	⬇
以台幣計價向民眾募集資金。		以外幣計價，如美元、歐元等，向民眾募集資金。

投資國內買得到的國內、外基金

　　基金在國內的普遍性最高，無論是銀行、保險公司、投顧、投信等金融公司，都有國內與國外的原物料基金可供投資人選擇，但要注意，每個金融機構所銷售的基金產品也會略有不同，手續費的計算方式也不相同，投資人投資前須先了解投資標的物的相關內容。

買方

投資人先到選定的代辦機構辦理開戶。 → 將一定金額存入指定銀行。 →
- 在操作網路銀行、或填寫特定金錢信託運用指示書申購基金。
- 可選單筆或是定期定額。

→
- 確認購買程序，開始扣款。
- 若為單筆則一次扣款便完成，若為定期定額，則按月扣繳。

→ 交易完成，買進基金。

賣方

投資人透過經辦機構將基金賣出。 → 該機構將交易通報給發行單位。 → 基金發行公司結算投資人申購的單位數與目前淨值後，將結算金額匯回經辦機構。

→ 經辦機構扣除手續費後，將金額匯入指定帳戶。 → 賣基金的款項入帳，交易結束。

INFO 國內買不到的國外基金值得投資嗎？

投資人在國內購買的基金都是金融機構所代銷的基金，並非全球所有發行基金都可以購買，因此，當投資人想購買國內買不到的國外基金時，就必須至當地銀行開戶、購買。但必須注意，台灣承銷代理的商品都以基金規模大、有名氣、發行公司體質健全的基金為主，並有金管會證期局監控管理，較為安全。而國內無法買的基金則多是基金規模偏中小型、或剛成立者，績效與風險的不確定因素很多，因此，要提醒投資人投資前要多收集資訊，以免產生投資糾紛。

在國外開戶買基金的注意事項

一、需準備的證件（每個國家都不相同，基本項目如下）：
　　1. 護照、2. 地址證明、3. 把第2點的地址譯成英文地址 4. 名片或服務單位的名片、5. 連絡電話、6. 存入一定的資金後才能開始投資。
二、需注意事項：
　　1. 最好選擇有提供網路服務的銀行，較容易進行操作、2. 若結餘未達到一定金額，某些銀行會收保管費。

原物料基金的內容

　　投資標的可以將原物料相關的基金分成股票型、債券型、貨幣型三大類。其中，又以股票為標的的股票型基金為大宗。須留意，這些基金都不是直接投資於農產、金屬、或天然資源等原物料，而是投資原物料相關的上市公司。這類基金通常獲利較高，但投資風險也相對高。

● 基金的種類與差異

無論是哪種類型的基金，其淨值每天都會變動，不過變動速度不一樣，而這變動的差異也代表著投資風險與獲利的高低，以下就這三類的基金做說明。

股票型基金
主要投資標的為上市公司或上櫃公司的股票，目的在獲取較高的資本利得。 → 風險高、報酬率高

債券型基金
主要投資標的為定期存款、債券、公司債、債券附買回，目的在獲取長期穩定的收益。 → 風險中等、報酬率中等

貨幣型基金
主要投資於商業本票、可轉讓定期存單和短期票券，是風險最低的基金類型，但相對報酬也較低。 → 風險低、報酬率低

INFO 基金也必須慎選進場時機

基金是一種周期波動較長的投資商品，因此常被視為中長期投資工具，也因此有不需慎選進場時機的迷思。但基金其實也應買在淨值低、賣在淨值高時，才能有好績效。因此，投資基金時還是要慎選進場時機才是。另外，基金與景氣周期波動極為相似，投資時也需要多觀察市場訊息與景氣燈號。

農產品基金

　　農產品基金主要投資與農產品相關的企業股票，有時候基金經理人也會選擇持有貨幣與少部分債券。另外，投資範圍大部分為農藥肥料、農業機具、農產運銷等相關公司，少部分會涉及房地產、公共事業等。在選擇投資標的時，應先仔細選擇該檔基金的投資範疇，才能掌握其變動趨勢。

　　國外的農業基金都強調是「高波動風險基金」，因為農產品會因氣候因素造成短缺，或者因技術進步而供給量大增，所以單一類股漲跌幅高，價格上下起伏波動性遠大於能源。

◆ 農產品市場中值得投資的基金

發行地	種類	名稱	幣別
國內	農產品產業股票	元大寶來全球農業商機基金	新台幣
		富邦農糧精選基金	新台幣
		華南永昌全球神農水資源基金	新台幣
		德銀遠東全球神農基金	新台幣
		德盛安聯全球農金趨勢基金	新台幣
國外	農產品產業股票	東方匯理系列基金全球農業基金	美元／歐元
		德意志全球神農基金	美元／歐元
		貝萊德世界農業基金	美元
		霸菱全球農業基金	歐元／美元／英鎊

金屬基金

　　金屬基金同金屬原物料，也分成貴金屬與礦業產業金屬兩種。貴金屬中大多與黃金有較密切的連結，至於礦業天然資源類，投資屬性較複雜，大部分是油、礦一起投資。當油與礦走勢不同調時，就會按照該基金內含油、礦比例的多寡呈現績效表現。

◆ 國內買得到的金屬品基金代表

發行地	種類	名稱	幣別
國內	貴金屬產業股票	匯豐黃金及礦業股票型基金	新台幣
	礦業產業股票	德銀遠東全球原物料能源基金	新台幣
		德盛安聯全球油礦金趨勢基金	新台幣
		施羅德世界資源基金	新台幣
		復華全球原物料基金	新台幣
		國泰全球資源基金	新台幣
		保德信全球資源基金	新台幣
		台新羅傑斯環球資源指數基金	新台幣
		台新羅傑斯世界礦業指數基金	新台幣
		永豐環球趨勢資源基金	新台幣
		富蘭克林華美新興趨勢傘型基金之天然資源組合基金	新台幣
		摩根資源活力股票基金	新台幣

國外	貴金屬產業股票	天達環球策略基金—環球黃金基金	美元
	貴金屬產業股票	貝萊德世界黃金基金	美元／歐元
		新加坡大華黃金及綜合基金	美元／新加坡元
		富蘭克林黃金基金	美元
		德意志黃金貴金屬股票基金	美元／歐元
		愛德蒙得洛希爾環球黃金基金	美元／歐元
		瑞銀（瑞士）黃金股票基金	美元
	礦業產業股票	瑞萬通博基金—未來資源基金	美元／歐元
		瑞士寶盛股票基金系列—天然資源基金	美元／歐元
		貝萊德世界礦業基金	美元／歐元
		霸菱全球資源基金	美元／歐元
		摩根環球天然資源基金	美元／歐元
		天達環球策略基金	美元
		普信全球天然資源股票型基金	美元
		新加坡大華全球資源基金	美元／新加坡元
		宏利環球基金—環球資源基金	美元
		首域環球傘型基金—首域全球資源基金	美元
		德盛德利全球資源產業基金	歐元

能源基金

能源基金除了單純的能源股票外，還有與天然礦產一起投資的股票。另外，在替代能源型基金中，甚至包括了水服務事業、森林管理等領域，投資範圍廣泛，有的基金經理人也會交叉持有不同的組合來分散風險。因此，在投資前務必先看清楚每檔基金的說明書，才能了解實際投資的內容標的物。

◆ 國內買得到的能源基金代表

發行地	種類	名稱	幣別
國內	能源	元大寶來商品指數期貨基金	新台幣
		德盛安聯全球油礦金趨勢基金	新台幣
	能源產業股票	華頓全球黑鑽油源基金	新台幣
	天然資源產業	台新羅傑斯環球資源指數基金	新台幣
		國泰全球資源基金	新台幣
		富蘭克林華美新興趨勢傘型基金之天然資源組合基金	新台幣
國外	能源產業股票	ING 能源投資基金	美元／歐元
		法巴百利達全球能源股票基金	美元／歐元
		安盛環球基金－泛靈頓小型能源企業基金	美元／歐元
		歐義銳榮能源原物料基金	美元／歐元
		天達環球策略基金 - 環球能源基金	美元
		天利（盧森堡）－全球能源股票基金	美元／歐元
		德盛德利能源基金	歐元
		景順能源基金	美元
		施羅德環球基金 - 環球能源	美元／歐元
		貝萊德世界能源基金	美元／歐元
		富蘭克林坦伯頓全球投資系列－天然資源基金	美元／歐元
	替代能源產業股票	KBI 全球替代性能源基金	歐元
		瑞萬通博基金－全球新能源基金	美元／歐元
		貝萊德新能源基金	美元／歐元
		德意志潔能科技基金	美元／歐元

認識原物料 ETF

ETF 的全名為 exchange trade fund，台灣稱為指數股票型基金。ETF 類似基金的操作模式，都是投資一籃子原物料股票或原物料期貨等，只是投資人不以傳統方式直接進行投資，而是將指數證券化，由指數來衡量市場漲跌趨勢，所以指數變動的損益直接反映出價值。換句話說，投資標的會隨著指數趨勢而波動。

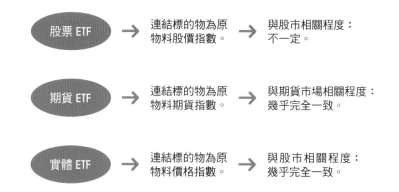

股票 ETF →	連結標的物為原物料股價指數。 →	與股市相關程度：不一定。
期貨 ETF →	連結標的物為原物料期貨指數。 →	與期貨市場相關程度：幾乎完全一致。
實體 ETF →	連結標的物為原物料價格指數。 →	與股市相關程度：幾乎完全一致。

INFO 如何購買海外的 ETF

在台灣，目前並沒有跟原物料相關的 ETF，主要市場都在國外，投資人若想投資，可以透過國內券商開設複委託帳戶、或是自行前往國外開戶、購買。另外，也可以直接透過國外券商，如 E*TRADE、Firstrade、Scottrade 等國際知名券商，目前這三大券商都有推出中文網站，讓投資人可以克服語言障礙、完成購買的手續。但需特別注意，每家國外券商的收費標準都不同，也有許多國內沒有的收費名目，如開戶費、帳戶管理費等，投資前要先確認清楚。

ETF 如何投資獲利

ETF的獲利方式有兩種，與投資共同基金的獲利方式相同，主要為資本利得與匯率價差。

① 資本利得

原物料ETF所連結的標的物價格，每天都有起伏變化，因此原物料ETF的淨值也會隨著改變。當看好ETF投資標的物的未來走勢時，就可以買進該檔ETF，等待價格上漲，再將其賣出，而獲取的價差，即為投資原物料ETF的獲利。

實例 有一檔連結能源股票的 ETF，總資產為 2 億元，淨值為 20 元，共 10,000,000 個單位數。一年後總資產從 2 億元變成 2 億六千萬元，則每股淨值增加多少？反之基金總資產從 2 億元變成 1 億六千萬元，則每股淨值又變成多少？

績效佳 ETF總資產由2億元變成2億六千萬元：

- ETF 淨值＝投資標的物收盤價格總值／發行單位數
    ＝ 260,000,000 ／ 10,000,000
    ＝ 26（美元）

- ETF 增值幅度＝增值前淨值－增值後淨值
    ＝ 26 － 20
    ＝ 6（美元）

結論→每單位增加 6 塊錢

績效不佳 基金總資產由2億元變成1億六千萬元：

- ETF 淨值＝投資標的物收盤價格總值／發行單位數
    ＝ 160,000,000 ／ 10,000,000
    ＝ 16（美元）

- ETF 增值幅度＝增值前淨值－增值後淨值
    ＝ 16 － 20
    ＝ -4（美元）

結論→每單位虧損 4 塊錢

② 匯率價差

投資海外原物料ETF時，因為計價幣別為外幣，當外幣變動並表現強勢時，該檔ETF折算回台幣之後，便有匯兌收益。

實例 天祥以 100 元美金買進一檔 ProShares 雙倍作多白銀指數，購買時台幣對美元匯率為 30.5 元。一年後賣出時，假設該檔 ETF 並未上漲或下跌，此時隨著匯率變動投資人的獲利狀況為：

台幣貶值 台幣對美元匯率變成31.2元

- 購買成本＝ ETF 價格 × 匯率
  ＝ 100×30.5
  ＝ 3,050（美元）
- 賣出價格＝ ETF 價格 × 匯率
  ＝ 100×31.2
  ＝ 3,120（美元）

結論→匯率變動的獲利為 70 美元（3,120 － 3,050＝70）

台幣升值 台幣對美元匯率變成29.8元

- 購買成本＝ ETF 價格 × 匯率
  ＝ 100×30.5
  ＝ 3,050（美元）
- 賣出價格＝ ETF 價格 × 匯率
  ＝ 100×29.8
  ＝ 2,980（美元）

結論→匯率變動的損失為 70 美元（2980 － 3050＝-70）

原物料 ETF 值得投資的理由

ETF是一種一籃子股票的概念，藉由投資多種類的股票或期貨等商品，來分散風險。因為經理人可隨時買進、賣出，因此能隨時規避市場不利因素、增加獲利機會，是相對穩定的投資工具。

1 分散風險

這種商品最初設計的目的是為了反映大盤整體的趨勢，所以結構是由多數股票、期貨合約、以及實體商品所構成的集合體。因此，只要掌握大趨勢，就能容易地判斷出未來價格走向。再者，因連結標的物分散，因而不易為單一公司或單一商品的變動而影響獲利，風險相對也分散了。

2 穩定投資

ETF這項投資產品的出現，主要是因為市面上的基金經理人會隨時買進、賣出某檔股票，以求打敗大盤追求更卓越的收益。但是以平均、且長期而言，其實要打敗大趨勢是不太容易的，因此，ETF就是強調固定權重，排除人為操盤的誤差所衍生出的投資工具。

3 成本低廉

由於ETF的管理主要是追蹤指數績效，因此可以省去經營團隊的研究分析費用，再者，ETF屬於被動式的投資，不會像主動式管理基金一樣頻繁進行買賣，只要依照指數進行投資組合變動即可，因此整體收取的管理費用較其他金融商品低。

4 多樣化

ETF連結的指數涉及各個國家、市場、與產業，提供投資人多樣化的選擇，例如，投資人看好歐洲市場，可投資連結歐洲表現的ETF。投資範圍廣、涵蓋性強，一次就能滿足投資人的需求，而不須花時間投資更多商品。

如何投資國外 ETF

目前台灣的 ETF 只有台股指數，尚未有原物料相關 ETF，投資人若想要投資，僅能於國外市場上購買。投資人可以透過國內券商開設複委託帳戶、或是到銀行開立帳戶來購買國外 ETF，也可以直接在海外銀行或券商開戶，透過海外券商來購買。目前國外主要交易市場中的 ETF 都是投資國際原物料相關股票為主。

原物料 ETF

原物料市場中的ETF金融商品，目前僅能於國外市場上購買，國內尚無有關原物料方面的ETF。目前國外主要交易市場中的ETF都是投資國際原物料相關股票為主。

◆ 原物料市場中值得投資的 ETF

分類	交易所	名稱	發行商	標的
石油天然氣	紐約泛歐證券交易所（NYSE）	能源指數基金	The Vanguard Group（領航投資）	股票
		連續十二月原油期貨 ETF	United States Oil Fund LP	期貨 NYMEX
		石油指數基金	United States Oil Fund LP	股票
		美國天然氣 ETF	United States Gasoline Fund LP	股票 NYMEX
		美國石油與天然氣 ETF	Powershares（雙倍道瓊）	股票
		原油服務	Powershares（雙倍道瓊）	股票
		石油指數基金	Powershares（雙倍道瓊）Deutsche Bank（德銀）	股票
		能源 ETF	Powershares（雙倍道瓊）Deutsche Bank（德銀）	股票

石油天然氣	紐約泛歐證券交易所（NYSE）	美國能源指數基金	iShares（安碩富時）	股票道瓊
		全球金融能源基金	iShares（安碩富時）	股票／標準普爾
		能源 ETF	First Trust Bank	股票／ISE
		天然氣指數基金	First Trust Bank	股票／ISE
		油氣開採&生產指數基金	State Street Corporation（道富）	股票
		能源探勘&生產指數基金	Powershares（雙倍道瓊）	股票
		石油探勘指數基金	Market Vectors	股票
		美國油氣探勘&生產指數基金	iShares（安碩富時）	股票／道瓊
煤		煤礦 ETF	Market Vectors	股票
再生能源		乾淨能源指數基金	Powershares（雙倍道瓊）	股票
金屬		金屬&採礦指數基金	State Street Corporation（道富）	股票
		天然資源指數基金	iShares（安碩富時）	股票／標準普爾
		美國原物料指數基金	iShares（安碩富時）	股票／道瓊
		原物料指數基金	The Vanguard Group（領航投資）	股票

認識原物料期貨

一般市場上常說的國際原物料價格，通常是指原物料期貨價格，也就是最近交割的期貨合約價格。期貨是一種以法定契約約束買、賣方權利義務的交易工具，買賣雙方約定於未來某一天將某一種原物料商品依照約定價格進行交易。投資人若預估未來原物料將上漲，可以看多買進；若預估下跌，也可以放空套利，是不管市場未來趨勢預期漲或跌皆可操作的工具。

期貨如何投資獲利

期貨投資是一種高槓桿操作的金融工具，只要繳交小額的保證金，就能操作高額的原物料商品，因此獲利高，投資風險也高。期貨的獲利主要有三種，但在原物料的投資上，大都以第一種方式為主。

① 資本利得

期貨交易是一種合約的交易，投資人用較少的保證金來交易所需的商品。例如，投資人看好未來一年後的小麥，買進小麥期貨合約，當小麥期貨上漲時，就可以賺取價格上漲的利潤。相反的，若投資人看壞未來的小麥價格，賣出期貨合約，當小麥期貨下跌時，就可以賺取價格下跌的利潤。

實例　假設小麥期貨指數在 7,000 點左右，投資人小李認為小麥有很大的機會將在兩個月內上漲至 7,500 點，但因手中資金僅有台幣 15 萬元，於是他以保證金 10 萬元先買進一口遠月 7,000 點的小麥期貨進行多頭避險。此時，期貨契約價格為新台幣 140 萬元（7,000 點 ×200 元／點）。過了一個月後，小李的損益將是如何？

4 運用投資工具投資原物料

交易成本

- 手續費：250 元／次
  250×2（買＋賣）＝ 500
- 買賣交易稅：0.01%（每種期貨交易稅不同）
  7,000 點 ×200 元／點 ×0.0001
  ＝ 140 元
- 賣出交易稅：0.01%（每種期貨交易稅不同）
  7250 點 ×200 元／點 ×0.0001
  ＝ 145 元
- 交易成本＝買賣手續費＋買賣交易稅＋賣出交易稅
  ＝ 500 ＋ 140 ＋ 145
  ＝ 785 元

情況①小麥期貨指數上漲到 7,250 點

- 交易淨利＝賣的金額－買的金額－交易成本
  ＝（7250×200 元／點）－（7000×200 元／點）－ 785
  ＝ 49,215 元

  結論→小李淨賺 49,215 元

情況②小李預期，反跌至 6,800 點

- 交易淨利＝賣的金額－買的金額－交易成本
  ＝（6800×200 元／點）－（7000×200 元／點）－ 785
  ＝ -40,785 元

  結論→小李虧損 40,785 元

② 避險利得

　　一般經營原物料進出口或加工業者，為了穩定營運成本，通常會以期貨進行避險。以上述例子來說，假設小李是小麥進口商，這個月初他花了10萬塊買進50公斤的小麥品，但他預測下個月小麥價格每公斤應該會下跌500元，為了彌補小麥商品的進貨虧損（50×500 ＝25,000元），於是他在7,800點時進場放空賣出一口小麥期貨，等待小麥期貨下跌至7,650點就平倉了結。

- 交易成本＝手續費（買＋賣）＋交易稅（買＋賣）
  = 250+250+（7800×200 元 ×0.0001）+（7650×200
  元 ×0.0001）
  = 809 元
- 交易淨利＝賣的金額－買的金額－交易成本
  =（7800×200 元／點）-（7650×200 元／點）- 809
  = 29,191 元

結論→小李淨賺 29,191 元，當一個月後小麥真正下跌，將交易獲利的錢用來抵消給付小麥實體商品的費用，維持進貨成本。

原物料期貨值得投資的理由

　　期貨是一種難度較高的金融商品，需要有較多的時間投入，主要有兩項優點。一為可以享有較豐厚的報酬，另一則是與原物料相關的企業可以利用投資期貨來避險。但如果本身並不喜愛冒險、或是能投入經營的時間有限，並不建議投資期貨。

1 槓桿操作獲取利潤

期貨可利用槓桿操作，也就是以小搏大、高風險高報酬的投資方式來獲利。當投資人預期市場多頭（將上漲）時，會買進該原物料的期貨契約，等到該原物料期貨如預期上漲時平倉（賣出），賺取價差。相反的，當預期市場空頭時（將下跌），投資人會放空（賣出）原物料商品期貨，等到該期貨下跌時再平倉（買回），賺取價差。不過，如果未來趨勢不如預期，就會出現損失。

2 避險

會使用到大量原物料的產業，須要穩定原物料價格，才能掌控公司的營運成本。當預期未來原物料價格會上漲時，可以買進公司所需的原物料商品期貨，等待時機出場賣出，以中間賺取的價差來彌補實體原物料商品所增加的成本來避險，讓整體企業的營運風險降低。若未來趨勢與預期不符，因為實體原物料可與未來期貨價格相抵，損失也不至於過大，相對卻買到了保障。

在國內如何投資國外期貨？

目前在台灣發行的期貨種類不多，與原物料相關者僅有以美金計價、或以台幣計價的黃金期貨兩種。投資人若想投資原物料期貨商品，就必須賣買國外發行的原物料期貨。目前國內期貨公司都有買賣國外期貨業務，只需至國內期貨商開戶即可。

買賣國外期貨流程

　　雖然台灣不能投資原物料期貨商品，必須轉往國外市場進行投資，但由於期貨交易行之已久、制度健全，只要到國內期貨商開戶即可委託下單國外期貨業務。

買方

投資人到期貨商開戶，填寫相關資料。	→	到期貨商的指定銀行存入一定的保證金。	→	投資人向期貨商下單買進、放空某月份的期貨合約。

→
期貨交易商將購買資訊傳給期貨交易所。	→	期貨交易所採二段式回報： •接到委託申報檢核無誤後，將「委託回報」訊息傳遞至期貨經紀商。 •委託成交的結果則以「成交回報」至期貨經紀商。

→
期貨經紀商將成交資訊回報給投資人。	→	購買到期貨商品。

賣方

投資人向期貨商下單賣出、買回某月份的期貨合約。	→	期貨交易商將購買資訊傳給期貨交易所。	→	期貨交易所採二段式回報： •於接到委託申報檢核無誤後，將「委託回報」訊息傳遞至期貨經紀商。 •委託成交的結果則以「成交回報」至期貨經紀商。

→
期貨商將資訊回報給投資人。	→	扣除手續費後，即為投資人的期貨所得。	→	款項匯入，交易完成。

如何看期貨合約

期貨合約中，有四個交易明細是投資人必須特別留意，不然會影響到日後買賣的權利，造成交易損失就得不償失了。

標的物

標的物是指交易的商品名稱，每一個期貨合約必定有其標的物。例如，金屬的銅礦期貨合約、農產品的黃豆期貨合約。

數量

即合約規格大小。表示每一個基本交易單位（1口，口為期貨單位），所包含的商品數量。

交易月份

指交易商品的到期月分。合約月分代表存續期間，當期貨合約到了該合約的最後交易日時，合約將自隔日起消失。

交易方式

一般期貨的交割方式可分成實物交割與現金交割二種。實物交割即是「買方交錢，賣方交貨」，主要適用於大宗物資期貨合約。但大部分的金融衍生性商品並無實體商品可供交割，因此，改成以現金結算的方式來進行交割。

高財務槓桿的投資方式就是以小金額投資大金額的標的物，以上述小麥期貨來說，想投資新台幣 140 萬元的小麥期貨，卻只要先預付 10 萬元保證金，這就是以小搏大的原理。

可投資的農產品期貨市場

　　農產品期貨的特性在於市場供需受到氣候與季節性影響很大，因此當氣候異常時，農產品期貨商品就會再次受到矚目。目前全球農產品期貨種類甚多，以美國芝加哥商品交易所（CBT）的農產品期貨為例，主要以全球人口人類最重要的穀物，小麥、玉米、黃豆三大類商品做為標的。

◆ 國外重要的農產期貨市場

地區	商品名稱	交易所	合約規格	最小跳動點	合約月分
國外	黃豆	CBT（芝加哥商品交易所）	5000 英斗	0.25 美分／英斗＝ 12.5 美元	1、3、5、7、8、9、11
		TGE（東京穀物交易所）	10 公噸	10 日圓／公噸＝ 100 日圓	連續 6 個偶數月
	小黃豆	CBT（芝加哥商品交易所）	1000 英斗	0.125 美分／英斗＝ 1.25 美元	1、3、5、7、8、9、11
	小麥	CBT（芝加哥商品交易所）	5000 英斗	0.25 美分／英斗＝ 12.5 美元	3、5、7、9、12
		SFE（雪梨期貨交易所）	1000 英斗	0.125 美分／英斗＝ 1.25 美元	連續 6 個奇數月
	玉米	CBT（芝加哥商品交易所）	5000 英斗	0.25 美分／英斗＝ 12.5 美元	3、5、7、9、11、12
		TGE（東京穀物交易所）	50 公噸	10 點／公噸＝ 500 日圓	連續 6 個奇數月
	粗米	CBT（芝加哥商品交易所）	2000 英擔	0.5 美分／英斗＝ 10 美元	1、3、5、7、9、11
國外	燕麥	CBT（芝加哥商品交易所）	5000 英斗	0.25 美分／英斗＝ 12.5 美元	3、5、7、9、11、12
	棉花	NYBOT（紐約期貨交易所）	50000 磅	0.01 美分／磅＝ 5 美元	3、5、7、10、12

國外	咖啡	NYBOT（紐約期貨交易所）	37500 磅	0.05 美元／磅＝ 18.75 美元	3、5、7、9、12
		NYBOT（紐約期貨交易所）	112,000 磅	0.01 美分／磅＝ 11.2 美元	3、5、7、10
	糖	TGE（東京穀物交易所）	50 公噸	10 點／公噸＝ 500 日圓	連續 6 個奇數月
		LIFFE（歐洲衍生性商品交易所）	100,000 磅	0.01 美分／磅＝ 11.2 美元	連續 6 個奇數月
		NYBOT（紐約期貨交易所）	10 噸	1 美元／噸＝ 10 美元	3、5、7、9、12
	可可豆	LIFFE（歐洲衍生性商品交易所）	10 噸	1 美元／噸＝ 10 美元	連續 6 個奇數月

可投資的金屬期貨市場

　　金屬商品的特性容易受到景氣波動影響，尤其是工業金屬，價格會隨景氣循環而有明顯變動，因此具有良好的波動交易機會，可以視為有效的風險管理工具。其中芝加哥商品交易所（CBT）和紐約商品交易所（NYMEX）的交易量高，是值得投資人觀察的價格指標。

◆ 國外重要的金屬期貨市場

地區	商品名稱	交易所	合約規格	最小跳動點	合約月分
國內	美金計價	CBT（芝加哥商品交易所）	5000 英斗	0.25 美分／英斗＝ 12.5 美元	1、3、5、7、8、9、11
	黃金	台灣交易所（TAIFEX）	100 盎司	0.1 美元／盎司＝ 10 美元	連續 6 個偶數月分
國外	大黃金	CBT（芝加哥商品交易所）	100 盎司	0.1 美元／盎司＝ 10 美元	2、4、6、8、10、12

國外	大黃金	NYMEX（紐約商品交易所）	100 盎司	10 美分／盎司 = 10 美元	2、4、6、8、10、12
		TOCOM（東京工業品交易所）	1000 公克	1 日圓／公克 = 1000 日圓	連續 6 個偶數月
	小黃金	CBT（芝加哥商品交易所）	33.2 盎司	0.1 美元／盎司 = 3.32 美元	2、4、6、8、10、12
		NYMEX（紐約商品交易所）	10 盎司	10 美分／盎司 = 1 美元	2、4、6、8、10、12
		TOCOM（東京工業品交易所）	100 公克	1 日圓／公克 = 100 日圓	連續 6 個偶數月
	大白銀	CBT（芝加哥商品交易所）	5000 盎司	0.1 美分／盎司 = 5 美元	1、3、5、7、9、12
	大白銀	NYMEX（紐約商品交易所）	5000 盎司	0.5 美分／盎司 = 25 美元	3、5、7、9、12
		TOCOM（東京工業品交易所）	10 公斤	0.1 日圓／公克 = 1000 日圓	連續 6 個偶數月
	小白銀	CBT（芝加哥商品交易所）	1000 盎司	0.1 美分／盎司 = 1 美元	1、3、5、7、9、12
	白金	NYMEX（紐約商品交易所）	50 盎司	0.1 美元／盎司 = 5 美元	1、4、7、10
		TOCOM（東京工業品交易所）	500 公克	1 日圓／公克 = 500 日圓	連續 6 個偶數月
	小白金	TOCOM（東京工業品交易所）	100 公克	1 日圓／公克 = 100 日圓	連續 6 個偶數月
	銅	NYMEX（紐約商品交易所）	25000 磅	0.05 美分／磅 = 12.5 美元	3、5、7、9、12
		LME（倫敦金屬交易所）	25 公噸	50 美分／噸 = 12.5 美元	三個月遠期合約或指定月期
	鋼鐵	NYMEX（紐約商品交易所）	25000 磅	0.05 美分／磅 = 12.5 美元	3、5、7、9、12
	鋁	LME（倫敦金屬交易所）	25 公噸	50 美分／噸 = 12.5 美元	三個月遠期合約或指定月期

國外	鎳	LME（倫敦金屬交易所）	6 公噸	5 美元／噸＝30 美元	三個月遠期合約或指定月期
	錫	LME（倫敦金屬交易所）	5 公噸	5 美元／噸＝25 美元	三個月遠期合約或指定月期
	鋅	LME（倫敦金屬交易所）	25 公噸	50 美分／噸＝12.5 美元	三個月遠期合約或指定月期
	鉛	LME（倫敦金屬交易所）	25 公噸	50 美分／噸＝12.5 美元	三個月遠期合約或指定月期

可投資的能源期貨市場

輕原油期貨價格透明度高、流動性強、且避險需求大，因此在所有的商品期貨中，穩站主流地位。目前全球最熱門的原油期貨商品為美國的紐約商業交易所（NYMEX）推出的輕原油期貨合約與英國倫敦的國際石油交易所（IPE）推出的布蘭特原油期貨合約；其中輕原油期貨合約因具有便利的交割制度，廣受有實際交割需求的交易人歡迎。

◆ 國外重要的能源期貨市場

地區	商品名稱	交易所	合約規格	最小跳動點	合約月分
國外	輕原油	NYMEX（紐約商品交易所）	1000 桶	0.01 美元／桶＝10 美元	連續 72 個月
	布蘭特原油	ICE（洲際交易所）	1000 桶	1 美分／桶＝10 美元	連續 36 個月
	西德州原油	ICE（洲際交易所）	1000 桶	1 美分／桶＝10 美元	連續 36 個月
	原油	TOCOM（東京工業品交易所）	50KL	10 日圓／KL=500 日圓	連續 6 個月
	天然氣	NYMEX（紐約商品交易所）	1 萬 MMBTU	0.1 美分／MMBTU=10 美元	連續 120 個月

143

投資選擇權原物料

選擇權是一種契約型態的商品,支付一些的權利金,即可擁有買進、或賣出某一標的物的權利。由於選擇權契約本身是一有價憑證,投資人可在持有期間,等待價格好時以建立相反部位的方式獲利入袋,也可在到期時選擇履約或放棄履約。

選擇權如何投資獲利

選擇權又分為兩種,一種是買權,一種是賣權。投資人可選擇做為買方或賣方,因此交易的契約總共可分為買進買權、買進賣權、賣出買權、賣出賣權四種。

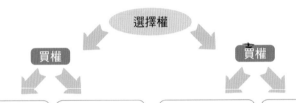

選擇權

買權

買權

買方
• 支付權利金。
• 到期時有權利以履約價買進。
• 沒有義務一定得執行。

賣方
• 收取權利金。
• 買方履約時,有義務賣出。
• 支付保證金。

買方
• 支付權利金。
• 到期時有權利以履約價賣出。
• 沒有義務一定得執行。

賣方
• 收取權利金。
• 買方履約時,有義務買進。
• 支付保證金。

INFO 選擇權交易的是「選擇的權利」

購買選擇權,就是購買擁有選擇執行或不執行的權利。不過,購買選擇權也是有代價的,不管要不要行使權利,付出去的權利金都不能取回。約定好 1 萬元購買的價格就叫做「履約價」。約定好兩個月後的期限就叫做「到期日」或「履約日」。台灣交易方式屬於歐式選擇權,亦即買方在履約當天才有權利行使選擇權。

① 買進買權

實例　12 月油價持續走跌時，小敏認為之後會再出現 800 ～ 1,000 點以上的大漲走勢，所以買進一口 6,100 點的買權，權利金 260 點。

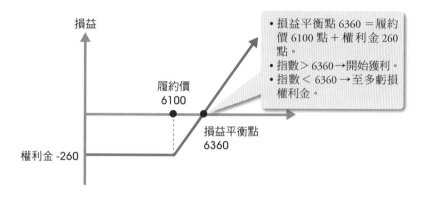

- 損益平衡點 6360 ＝履約價 6100 點＋權利金 260 點。
- 指數＞ 6360 →開始獲利。
- 指數＜ 6360 →至多虧損權利金。

損益

履約價
6100

損益平衡點
6360

權利金 -260

情況① 到期時，指數 上漲 700 →履約，獲利與指數呈正比

- 到期損益＝到期加權指數（履約價＋漲跌點數）－損益平衡點
　　　　＝（6100 ＋ 700）－ 6360
　　　　＝ 440 點

結論→小敏可獲利 440 點。

情況② 到期時指數上漲 150，6,100 ＜指數＜ 6,360 →履約，虧損少於權利金

- 到期損益＝到期加權指數 （履約價＋漲跌點數）－損益平衡點
　　　　＝（6100 ＋ 150 ）－ 6360
　　　　＝ -110 點

結論→小敏虧損 110 點，但虧損少於權利金虧損少於權利金 260 點。

情況③ 到期時，指數下跌 300 →不履約，最大損失權利金

- 到期損益＝到期加權指數（履約價＋漲跌點數）－損益平衡點
　　　　＝（6100 － 300 ）－ 6360
　　　　＝ -560 點

結論→小敏決定不履約，損失權利金 260 點（ ＜ 560）。

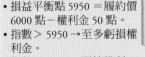

① 買進賣權

實例 目前指數高檔震盪許久，多頭屢攻不下，馬克認為未來價格有修正的疑慮，因此買進一口 6,000 點的賣權，權利金 50 點。

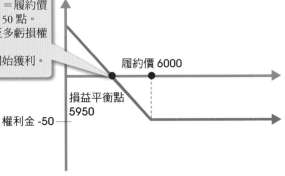

- 損益平衡點 5950 ＝履約價 6000 點－權利金 50 點。
- 指數＞ 5950 →至多虧損權利金。
- 指數＜ 5950 →開始獲利。

履約價 6000

損益平衡點 5950

權利金 -50

情況① 到期時，指數回檔 400 點→履約，獲利與指數呈反比

- 到期損益＝損益平衡點－到期加權指數（履約價＋漲跌點數）
  ＝ 5950 －（6000 － 400）
  ＝ 350 點

　結論→小敏可獲利 350 點。

情況② 到期時回檔到 40 點，5,950 ＜指數＜ 6,000 →虧損，但少於權利金

- 到期損益＝損益平衡點－到期加權指數（履約價＋漲跌點數）
  ＝ 5950 －（6000 － 40）
  ＝ –10 點

　　小敏虧損 10 點，但虧損少於權利金 50 點。

情況③ 到期時，回檔到 600 點→虧損，最大虧損權利金

- 到期損益＝損益平衡點－到期加權指數（履約價＋漲跌點數）
  ＝ 5950 －（6000 ＋ 600）
  ＝ –650 點

　結論→小敏決定不履約，損失權利金 50 點（＜ 650）。

▌原物料選擇權值得投資的理由

　　選擇權的操作方式相較於其他投資工具，操作手法較為靈活，加上財務槓桿高，因此獲利報酬也相當驚人，以下就是投資選擇權的好處：

1 高財務槓桿

對於只有一些資金的投資人，即使股價30元的股票一張也要3萬元，期貨保證金更要12～3萬元間，但反觀選擇權有的只需要幾千塊就可以享有相同看漲看跌的權力，以小搏大的特性，是所有投資工具最為明顯的。

2 控制風險

當投資者不確定市場的未來發展走勢時，為了確保獲利，可以以選擇權來規避持有現貨的風險。也就是一旦發現市場走勢不利於現貨，則選擇權的獲利就可以彌補現貨的損失，反之，市場走勢利於現貨，則選擇權損失的也只有小額權利金而已。以股票市場為例，當股市多空不明時，若投資人手中已持有現股部位，為避免股市下跌而遭受損失，可以買入賣權的方式來避險，未來若股市上漲，則現股部位將由股市中獲利，選擇權損失為權利金；而若股市下跌，則將執行此賣權來彌補股市的損失。

3 投資策略靈活

以期貨來說，投資策略不外乎是看多、看空兩種，但選擇權多空之外，還加入了行情發展速度。由於選擇權的買方有權於未來的一段期間之中決定是否執行買入或賣出標的物的權利，因此給予投資者足夠的時間來觀察與判斷，避免於市場趨勢不明朗時做出錯誤的決策。

如何投資國外選擇權？

目前國內並沒有開放原物料選擇權的商品，投資人想要投資原物料選擇權，就必須在國外市場進行。但其實台灣很多券商都有專辦國外選擇權的業務，投資人可以向這些券商開戶進行購買即可。

選擇權的買賣流程

選擇權與期貨的買賣流程十分相似，價格也是依撮合方式隨機排序競價撮合，交易時間採逐筆撮合方式，完成成交價。漲跌波動快、風險高，投資人需小心注意。

買方

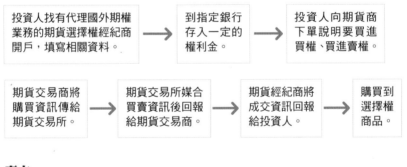

賣方

投資國外選擇權的注意事項

投資國外選擇權的交易模式與國內相同，只有一點必須特別注意，那就是匯率。選擇權除了要考慮權利金（購買的金額）外，還需考量保證金的問題。而這些金額在進行國際換匯時會產生匯差，造成投資人可能有餘額不足的情況產生，必須小心。

簡單的方式評估

• 若期初資金為淨支出權利金→無須繳付保證金。

例如 買進單一部位。但其實詳細的保證金數目電腦會算好，只要向營業員查詢，或是使用網路下單時系統會自動顯示。

• 若期初資金為淨流入權利金→則需繳付保證金。

例如 賣出單一部位。當然，同資金流出一樣，這部分電腦都會詳細計算出來，營業員與網路下單時都可以協助查詢。

◆ **國外重要的農產選擇權市場**

地區	商品名稱	交易所	最小跳動點	合約月分
國外	黃豆	CBT（芝加哥商品交易所）	0.125 美分／英斗＝6.25 美元	1、3、5、7、8、9、11（期貨月）＋1 個最近非期貨月
	小麥	CBT（芝加哥商品交易所）	0.125 美分／英斗＝6.25 美元	3、5、7、9、12（期貨月）＋1 個最近非期貨月
	玉米	CBT（芝加哥商品交易所）	0.125 美分／英斗＝6.25 美元	3、5、7、9、11、12（期貨月）＋1 個最近非期貨月
	燕麥	CBT（芝加哥商品交易所）	0.125 美分／英斗＝6.25 美元	3、5、7、9、11、12（期貨月）＋1 個最近非期貨月
	棉花	NYBOT（紐約期貨交易所）	0.01 美分／磅＝5 美元	3、5、7、10、12
	咖啡	NYBOT（紐約期貨交易所）	0.01 美元／磅＝3.75 美元	3、5、7、9、12
	糖	NYBOT（紐約期貨交易所）	0.01 美分／磅＝11.2 美元	3、5、7、10
	可可豆	NYBOT（紐約期貨交易所）	1 美元／噸＝10 美元	3、5、7、9、12

4 運用投資工具投資原物料

◆ 國外重要的金屬選擇權市場

地區	商品名稱	交易所	最小跳動點	合約月分
國外	黃金	NYMEX（紐約商品交易所）	10 美分／盎司＝10 美元	2、4、6、8、10、12（5 年內的期貨月）＋2 個最近非期貨月
	白銀	NYMEX（紐約商品交易所）	0.5 美分／盎司＝25 美元	3、5、7、9、12（5 年內的期貨月）＋2 個最近非期貨月
	白金	NYMEX（紐約商品交易所）	0.1 美元／盎司＝5 美元	3 個連續月＋1、4、7、10（2 各期貨月）
	銅	NYMEX（紐約商品交易所）	0.05 美分／磅＝12.5 美元	3、5、7、9、12（22 個期貨月）

◆ 國外重要的金屬選擇權市場

地區	商品名稱	交易所	最小跳動點	合約月分
國外	輕原油	NYMEX（紐約商品交易所）	1 美元／桶＝10 美元	5 年內之連續月
	天然氣	NYMEX（紐約商品交易所）	0.1 美分／MMBTU＝10 美元	5 年內之連續月

認識原物料現貨

直接購買原物料現貨，也就是利用囤積原物料實體商品、再於市場上交易賺取利潤。其實囤積實體商品是非常直接的一種投資方式，就像購買字畫、古董一樣，商品也會隨著時間而增值。但是投資原物料的選擇上，農產品有過期、腐壞的問題，能源產品則不易儲存，因此最容易囤積的原物料商品當屬金屬類產品，其中又以黃金、白銀等貴金屬為代表。

現貨如何投資獲利

現貨市場的獲利其實很簡單，就是買進實體商品後，等到價格上揚將其賣出獲利，以黃金為例：

小雯 2000 年在銀樓以 1 公克 500 元買進 20 公克的金條共 10,000 元。	2008 年金融海嘯造成美元貶值，大眾開始爭相購買具有保值性的商品，如黃金。	黃金價格飆漲，近八年內從每公克 500 元 漲到 2,500 元。
小雯認為現在時機不錯，因此想將手中的金條轉換成現金，因此前往銀樓將金條變現。	銀樓以每公克 2,450 元收購金條，共 49,200 元。	小雯淨賺 39,000 元（49,200－10,000 元）。

無論是條塊或硬幣，購買時都需注意品質是否精純，需向有保障的公司購買，才不會造成投資人的損失。

原物料現貨值得投資的理由

原物料現貨買賣主要以貴重金屬為主，原因在於貴重金屬除了能保值、購買便利，又不需要有太高深的投資技巧，因此十分適合擁有較多資金的初學者投資。

1 容易購買

金銀條塊、硬幣等商品很容易就能買到，不需要佣金、交易行政費用，是原物料中最受歡迎的實體商品。

2 具有保值功能

原始交易市場本來就是以貴金屬來交易，比起鈔票更具有保值功能，尤其是黃金，因在全球的流通性大、不容易貶值，可以用來對抗通膨。

3 變現性高

同上述原因，貴金屬原本就有保值功能，因此在市場中變現性很高。以黃金來說，幾乎在任何一個國家都可以馬上兌現。

4 具有保值功能

貴金屬市場是一個全球性的投資市場，黃金尤其如此，加上各國政府也有一定的黃金儲存，所以在現實中沒有一個財團有能力可以操縱黃金市場，縱使有一些做市行為發生，當市場開始交易時，這些不合理的價格還是會回到合理的水平，在公平的環境下投資，投資者自然得到最大保障。

INFO 市面上的黃金動向

黃金現貨市場是指以黃金現貨交易為主的市場，一般在成交後二日內交割。大宗黃金交易，則以賬面劃撥方式交割，交易時，只需在存放單上改變一下所屬對象的名稱即可。這是因為各國的黃金儲備大部分都存放在英美兩國，為了節省運輸保險費、及避免運送的風險。但私人或集團開採的黃金，就以實物交易為主，客戶購入的黃金可自行貯藏和轉移，也可委託金商代為保管。

可投資的原物料現貨市場

原物料現貨以金屬為主，而金屬中又以貴金屬保值性高、容易購買，成為投資人購買現貨時的首選。

● 直接購買金銀條塊、或硬幣

金條、或金幣在銀樓很容易購買到，但是飾金產品由於有加工成本，因此保值功能比較差。銀條和銀幣則可以透過代理商來購買。

購買時的注意事項：

☑購買世界公認公司製造的金銀條塊。　☑確認純度。

☑相關單據要保證金條外觀不受損害。　☑確保有編號。

☑金條上應鑄有編號、純度、公司和標記。

● 黃金存摺

因黃金具有保值的特性，大眾喜愛購買，所以銀行為了省去交易時的繁雜手續與收藏的安全疑慮，因而推出了黃金存摺。將投資人購買的黃金存入銀行，並登入存摺中，若投資人想要將黃金領回，銀行會以黃金存摺上的黃金價格轉換成真正實體黃金，再扣除轉換的手續費用。國內最先推出的是台灣銀行，之後其他銀行也紛紛推出。但因許多銀行的黃金存摺不是100％的實體準備，所以投資人最好選擇100％實體準備的台銀黃金存摺。100％實體準備是指，當投資人買進一公斤的黃金，銀行就準備一公斤的黃金囤積在銀行的倉庫中。為了讓交易更安全可靠，購買時應該先詢問清楚。

● 國際現貨黃金

國際現貨黃金又稱為倫敦金，顧名思義最早起源自於倫敦。倫敦金也被稱為歐式黃金交易，以倫敦黃金交易市場（London Gold Market）和蘇黎世黃金市場（Zurich gold market ）為主要代表。這與台銀的黃金存摺概念相同，只是交易市場為國際市場，但目前國內尚無法直接購買，需到當地開戶，由國外銀行代理操作。

5
Chapter

如何挑選第一檔
原物料金融商品

原物料投資工具相對應的金融商品琳瑯滿目，如
何挑選適合自己的，是所有投資人都想問的問題。本
篇將告訴新手投資人，從如何衡量自己本身投資條
件，再透過資料的搜集、分析，一步步找出最有可能
獲利與最適合自己投資的原物料投資標的物。

本篇教你

- ⊘ 挑選原物料金融商品的流程與關鍵
- ⊘ 衡量投資者本身的投資條件
- ⊘ 如何搜集相關決策資訊
- ⊘ 運用資訊初步篩選原物料金融商品
- ⊘ 先選原物料種類再選金融商品
- ⊘ 先選金融商品再選原物料種類

如何挑選原物料金融商品？

每種原物料投資工具都有許多的金融商品，如何挑選適合自己的，是所有投資人都想問的問題。本篇將告訴新手投資人，從衡量自己本身投資條件開始，再透過資料的搜集、分析、做出決定，一步步找出最有可能獲利與最適合自己投資的原物料投資標的物。

篩選投資標的與工具的方法

在選擇投資工具搭配不同投資標的時，需要有系統地篩選過濾，才能挑選出適合自己投資性格、財務狀況的金融商品，讓第一次投資就有好的開始。篩選的過程總共分成五個步驟：

STEP 1 了解自己的財務狀況

首先，先要清楚自己的財務狀況，依照財務狀況判斷符合自己的目標、資產配置，如此來確定自己目前到底是不適合投資，做出正確的投資計畫。（參見P158）

STEP 2 確認自己的投資類型

投資人需要衡量本身的風險承受度，設定適合自己的投資報酬率。投資報酬有高、有低，但是高報酬往往隱含著高風險，每個人願意承受的損失都不一樣，因此，事先認清自己是怎麼樣的投資人非常重要。（參見P164）

STEP 3 初步篩選投資標的

接著，再粗略地篩選比較具有投資性的商品、公司、產業，或是目前前景較好的原物料進行評估。此時，可先運用一些通用性的判斷指標與準則，從成千上萬的原物料金融商品中選出主要的標的。（參見166）

STEP 4 搜集資料與分析

必須針對初步篩選出的原物料標的進行確認，包括技術面、產業面、經濟面、市場面等資訊，並從各面向來分析、判斷，以此得知哪些標的具有前景、值得投資。（參見P169）

STEP 5 決定最後投資標的

最後，再將先前篩選出的數種投資標的與投資工具比對，選出目前績效良好、適合進場的的原物料金融商品。（參見P173）

我是哪一種投資人？

所謂知己知彼，百戰百勝，因此，投資人在投資前必須先了解自己屬於哪一類型的投資人，進而選出最適合自己的原物料投資工具。評估自身時，主要的考量因素有經濟情況、可運用資金、理財目標、預計投資時間、資產配置情況五點。

我的情況…

經濟狀況 → 開始有收入、經濟趨穩定、收入漸多、收入達頂峰、仰賴退休金…

可運用資金 → 萬元以下、數萬元、數十萬元、百萬以上…

理財目標 → 積極創造財富、留意投資收益、兼顧收益與成長、減低積極性投資、保本安全為主…

投資時間 → 長期投資、中長期投資、中期投資、中短期投資、短期投資…

資產配置 → 僅擁有台幣資產、僅擁有外幣資產、同時擁有台幣與外幣資產…

投資人衡量財務狀況

一般所說的經濟狀況是指淨資產和淨收入。清楚了解自己的資產與固定收入後，才能知道自己可以運用的資金有多少。利用下列五個步驟，可計算出你的投資能力。

Step 1
淨資產＝投資人目前持有的各種有價產物－投資人目前所持有的負債

• 有價產物，例如房地產、交通工具、或投資產品等。
• 負債包括所有的貸款、債務等。

◆ 淨資產

資產	金額	負債	金額
現金		房屋貸款	
存款		汽車貸款	
房地產		就學貸款	
汽車		個人信貸	
投資		信用卡	
其他資產		其他負債	
資產總和		負債總和	
		淨值 （總資產－總負債）	

Step 2

淨收入＝每月收入－每月的固定支出

◆ 每月淨收入

收入	金額	支出	金額
每月薪資	／月	生活費	／月
利息收入	／月	貸款支出	／月
其他收入	／月	其他支出	／月
		淨值 （總收入－總支出）	／月

Step 3

每月可投資資金＝投資人的淨收入－保留一部分緊急使用資金

• 特別注意，投資人一定要保留一些緊急備用資金，以備不時之需，不能將所有淨收入拿去投資。

◆ **每月可投資資金**

支出	金額
淨收入 （總收入－總支出）	／月
緊急備用金	／月
可投資基金 （淨收入－緊急備用金）	／月

Step 4

分析結果

• 衡量投資能力，是為了讓自己的資產做出良性規劃，不會一味地投資讓自己陷入不良的資產陷阱中。因此，計算出自己的資產、負債、每月淨收入後，依照下表評估出目前可投資的狀況，之後再進行投資，是比較好的選擇。

◆ **淨資產 vs. 淨收入**

淨資產與淨收入	分析	適不適合投資
淨資產 >0、淨收入 >0	有足夠的金額進行投資。	適合
淨資產 <0、淨收入 >0	需由淨收入扣除掉每月應償還的負債後，再決定投資金額。	視狀況決定
淨資產 >0、淨收入 <0	先以提高收入為優先考量。	不宜
淨資產 <0、淨收入 <0	宜先提高收入，還清負債為首要目標。	不宜

Step 5

可運用的金額 VS. 投資標的物

- 當投資人可運用的資金愈多時，可以使用的投資工具種類也愈多。但必須注意，不同的投資標的物具有不同的風險，並非可投資範圍內的所有金融商品都有相同的投資風險與報酬。

◆ 可運用的金額 VS 投資標的物

可投資金額	投資標的物
1 萬以下	債券型基金、貨幣型基金、股票型基金
1 萬～ 25 萬	債券型基金、貨幣型基金、股票型基金、穩定型股票
25 萬～ 50 萬	債券型基金、貨幣型基金、股票型基金、穩定型股票、ETF
50 萬～ 75 萬	債券型基金、貨幣型基金、股票型基金、穩定型股票、積極型股票、ETF、期貨、選擇權
75 萬～ 100 萬	債券型基金、貨幣型基金、股票型基金、穩定型股票、積極型股票、 ETF、期貨、選擇權
100 萬以上	各種類型的基金、股票、ETF、期貨、選擇權

不管能使用的資金與投資工具有多少，投資人還是得依照自己的投資類型來做投資，不然一旦用錯了投資工具、或將資金不當配置，都有可能讓自己血本無歸。

投資人衡量財務狀況

　　了解了自身可運用的資金狀況與大致可使用的投資工具後，投資人應繼續分析自己為什麼要投資、這筆投資金額可運用的時間有多久，才能規劃符合自己的資產配置。

●釐清投資目標

了解清楚自己的投資目標，是為了有效配置投資標的與投資時間，才不會有急需用錢，但資金卻卡在投資市場無法贖回、或強制贖回，或因不是出場時機而認賠殺出的情況。

錯誤觀念

只想投資但沒有明確目標→容易選錯投資標的→造成投資期間資金無法有效率運用。

正確觀念

有明確的投資目標→選出適合自己資金範圍內可投資的標的→投資期間內規劃出有效益的資金運用方法。

●投資時間與投資標的

若評估後，可運用時間短、或投資資金是短期內不需用到的資金，則可以選擇變現性高、或報酬大但風險相對較高的金融商品。若投資人的目標是長期、且穩定的投資，就需選擇穩定性相對較高的金融商品。

時間	目標	可用的投資工具
短期：1 年	結婚基金、旅遊基金、買車頭期款、買傢俱、	股票型基金、貨幣型基金、積極型股票、ETF、期貨、選擇權
中期：1～3 年	教育基金、房屋頭期款	貨幣型基金、債券型基金、ETF、穩定型股票
長期：3 年以上	退休基金、家庭風險管理	債券型基金、ETF、穩定型股票

資產配置

投資時之所以要分散風險，是為了避免使用的投資工具、投資標的、或投資的市場過於集中，造成一旦行情看壞，就有虧損過大的情況發生。因此，投資原物料時，必須先檢視自己目前的投資配置，達到分散風險的目的。

● 資產配置情況 VS. 投資市場範圍

分散投資風險的檢視方式很簡單，只要檢視你目前投資市場的比重，將其均勻配置，就能降低投資風險。

	❶	❷	❸
情況	僅擁有台幣資產、或只投資台灣金融商品。	僅擁有外幣資產、或只投資海外金融商品。	同時擁有台幣與外幣資產、或同時擁有海內外金融商品。
	↓	↓	↓
缺點	當台灣產業狀況不佳、或景氣不好時，所有資產將會受影響。	只投資海外市場，所持有的資金都是外幣時，會有匯率價差的風險。	若台幣與外幣資產都投資在類似的原物料商品，則該金融商品會受該產業大環境影響而有相同趨勢變化。
	↓	↓	↓
改善方法	新的投資目標可以轉往投資海外市場，讓所有資產不被單地區的景氣拖累。	新的投資目標可以轉往投資台灣市場，以減少匯差損失。	新的投資目標可以從目前投資組合中比重較低的市場、或標的物來投資，減少趨勢統一波動的風險。

確認自己的投資類型

投資有賺有賠，追求報酬率的同時也隱含著有賠錢的可能。每個投資人的個性除了面對投資風險有不同的承受程度外，也隱含了對整個投資過程的分析判斷與操作紀律。因此，了解自己的投資類型對整個投資過程非常重要。

三種投資類型的差異

因風險承受度的差異，使得每個投資人適合的投資工具都不相同，相對的，投資報酬率也截然不同。

類型① →保守型

如果你只要小賺就很滿意了，不想為了更高的報酬而冒險，也不想有任何金錢上的損失。

風險承受度 低
期望的報酬率 低
投資設定 投資較定存收益高一點的金融商品
選擇標的 基金
合理報酬 3%～5%

類型② →穩健型

如果你想有規律地賺錢，也願意將小額的投資損失視為付錢繳學費，但卻也不想為了更高的報酬而冒險。

風險承受度 中
期望的報酬率 中
投資設定 投資工具中，選擇報酬穩定成長，與大盤有相同的平均收益的金融商品

選擇標的 開始投資時，基金是一個好的入門選擇。當投資時間較長，熟悉金融商品操作模式之後，ETF、股票也可以列入考慮。

合理報酬 5%～30%

類型③ →積極型

會為了賺大錢而甘願承受高風險的壓力，具有儘管已經有大額虧損也要賭一把的個性。

風險承受度 高

期望的報酬率 高

投資設定 投資工具中，報酬高於大盤的金融商品

選擇標的 股票、期貨、選擇權

合理報酬 30%以上

INFO 初級投資人的達陣小祕訣

報酬率是每個投資人進場前在心中預設的理想值，希望每次都能賺到這個金額再出場，但投資風險難以預料，尤其對初級投資人來說，更是一門高深的學問。這時，分次進場就是一個能夠分散風險的好方法，也就是不要將資金一次全部投入，而是將手中可使用的資金拆分成四～五等份來分散投資時間點，一旦發現市場不如預期，也可以依照使用的投資工具做出適當因應，非常適合不擅長觀察市場行情、且對大盤尚無法完全掌控的投資人使用。例如購買定期定額的基金時，就是利用淨值高價買到單位數少、淨值低價買到單位數多的原理，因此在買回時的全部總淨值會有等於、或高於平均成本的正報酬。這優點在於，可以隨時進場，就算是震盪、或空頭行情也一樣。

5 如何挑選第一檔原物料金融商品

初步挑選投資標的

如何在一堆金融商品中做初步資料收集與篩選，是許多投資人開始投資時會遇到的問題，以下就列出篩選的準則，投資人可依照這些步驟、標準，來進行挑選。這些指標必須在投資原物料金融商品前蒐集齊全，如此才能順利進行初步的篩選。

好的原物料金融商品要怎麼看

只有好的標的才能讓投資人獲取利潤。因此，了解好的原物料金融商品應該具備的條件，是選擇好商品的第一步。要在眾多金融商品中挑出好的原物料標的，投資人需從績效、發行公司、和原物料前景三項來看。

① 投資標的績效良好

績效好是指這個原物料標的過去的表現良好，曾讓許多投資人賺到錢。表現良好的評估方法有很多，主要為以下三種：

評估方法	如何判斷
表現優於大盤 →	過去一段時間中，某檔原物料的漲幅優於大盤，跌幅小於大盤，或是不比大盤跌超過 3%。例如 A 小麥公司的股票比大盤漲得多、但跌得少，極為優值股。
漲幅在同類型標的中名列前茅 →	金融商品的績效表現，漲幅在所有同類中為前 1/3，跌幅在所有同類中最小或次小。例如 B 檔貴金屬基金平均漲幅名列所有貴金屬基金的前幾名，但跌幅較其他同類型基金小。
風險較低，報酬較佳 →	風險低是指該金融商品在公司體質、發行國政策經濟等方面上穩定性較高，而獲利卻高於同類型商品。例如 C 檔石油期貨，為全球最大的期貨市場所發行，其歷史價格相對平穩，不會忽高忽低，風險相對較小。

166

陷阱竅門 有時某檔標的整體表現優於大盤，是因為該金融商品最近很熱門、或是政策利多，並非企業營運賺錢，或真正體質良好，投資人需多注意。

② 好的發行公司

以原物料股票而言，好的發行公司是指營運有效率、財務表現好的原物料上市公司。但若以原物料基金、ETF、期貨、選擇權來說，則是泛指發行各種金融商品的公司，這類公司必須具備以下條件：

評估方法	如何判斷
公司誠信佳 →	報章雜誌或是網站上，該公司是否經常出現負面消息，公司預期推出的活動、產品是否如期舉行。
規模持續成長 →	公司產品是否每年持續成長、或產品種類是否增加。
產品多樣 →	公司的產品種類是否多樣、產品市占率是否持續成長。
服務良善 →	公司有沒有正面的利多消息，例如成立基金會、資助路跑活動等等企業責任訊息。

陷阱竅門 在買賣金融商品時，營業員常會營造一些購買氛圍，如手續費最低、經營最久很可靠等話術，希望投資人投資某些金融商品，當投資人遇到這種情況時，一定要再次確認該公司近期的營運表現才能決定，不要妄下判斷而衝動購買。

③ 前景明朗

　　無論是原物料相關公司或原物料產業本身，一定要具備未來發展潛力，這會反映出該產業持續成長、且前景看好，未來價格才有上漲空間，可幫投資人獲取利潤。所謂前景明朗可從下面四個部分來說明：

評估方法	如何判斷
盈餘成長佳 →	公司每年稅後盈餘是否持續成長。
投資人多 →	購買該金融商品的投資人是否眾多，報章雜誌或網路是否時常有人推薦、討論該公司。
產業景氣好 →	該產業是否是明星產業、大環境是否利於其投資發展、是否為政府重點發展產業。例如：生物科技業
持續擴廠 →	該公司是否持續增加生產線、是否持續增加產品種類。

陷阱竅門　　某些公司或金融商品因經營不善，因而採取曝光知名度、正面消息等方式，來提高投資人投資的熱度，看到這些消息時，投資人應先確認該金融商品過去一段時間的趨勢，再比對該公司的營運確定是有成長的空間，才能投資。

蒐集金融商品的資料並分析

初步篩選出的金融商品後，需要再針對這些商品進一步搜集資料，了解該金融商品的現況，以利投資人判斷這些金融商品的未來趨勢，決定是否適合投資。

進一步的資料搜集

第二次的資料蒐集將更為仔細，會進一步分析各個金融商品實體的表現、與未來趨勢，以此決定最後要投資的金融商品。主要觀察對象有以下四點：

公開說明書　　　　淨值表　　　　績效評比　　　　產業趨勢

搜集管道 投顧公司、投信公司、證券市場、財經報紙、網站、銀行

哪裡找 報紙：工商時報、經濟日報
網站：YAHOO 投資（https://tw.money.yahoo.com/）
　　　鉅亨網（http://www.cnyes.com/）
銀行：兆豐證券（http://www.emega.com.tw/）
　　　永豐金證券（http://www.sinotrade.com.tw/）
　　　元大證券（http://www.warrantwin.com.tw/）
　　　統一綜合證券（http://www.pscnet.com.tw/）
　　　凱基證券（http://www.kgieworld.com.tw/Index/Index.aspx）
　　　　　　　　　　　　　　　　　　　　　　　…等

如何利用資料進行判斷

蒐集說明書、淨值比、績效評比與產業趨勢等相關資料，是為了利用這些資料進行判讀與分析，精選出好的原物料金融商品。投資好的金融商品，投資人才能從金融市場中獲取利潤。

● 股票的觀察重點

股票的觀察重點有四項，公開說明書、淨值表、績效評比、產業趨勢。其中以績效評比最為重要，可以做為投資的一個主要指標。

公開說明書	• 公司概況→注意公司的服務項目、主力產品、營運計畫等愈詳盡愈好。 • 營運情況→負債比率（負債總和／資產總和）、存貨愈低愈好。 • 財務狀況→每股盈餘（稅後純益／發行股數）、營業收入、營業毛利、年度盈餘分配、保留盈餘、股東權利都是愈高愈好。
淨值表	是指股票公司一段時間內的股價表現，區間可分為短期（5～20天）、中期（2個月）、長期（6個月）。 • 短、中、長期趨勢向上→表示該檔股票上漲趨勢明顯，值得投資。 • 短、中、長期趨勢往下時→代表空頭確立，不宜冒險投資。
績效評比	為一段時間內該檔股票在同類型股票中的獲利能力 • 若是同類型中的前 1/3，就屬於比較好的投資標的。 • 在同類型股票中屬於獲利率較高者→將比較有投資效益。
產業趨勢	借助產業資料來判斷原物料產業的未來趨勢，用以決定該股票是否還有成長的空間。 • 當該公司營收、獲利率、出貨量皆上升，且媒體也開始關注、報導→表示產業前景處於復甦或成長階段，是值得投資人投資的標的。

●基金、ETF 的觀察重點

由於基金與ETF的投資方式類似，所以觀察重點相同，分成以下四點。跟股票一樣，以績效評比最為重要，可以做為投資基金、ETF的指標。

公開說明書	是指基金、ETF 的介紹書，詳細記載投資標的和持有比例、投資市場、投資範圍、投資限制、投資風險等，若為基金說明書，裡頭還會附上基金經理人的介紹。 • **公司概況**→注意公司的服務項目、經理人、投資計劃愈詳盡愈好。 • **投資範圍**→注意投資標的物、投資範圍、投資百分比。 • **投資風險**→該檔投資商品的風險指數。
淨值表	購買基金或 ETF 時，就等於買進淨值的價格，賣出基金時，也是獲得淨值上價格。 • 可由短（6 個月）、中（1～2 年）、長期（3～5 年）來判斷淨值與漲跌幅度，通常六個月是評斷一檔基金或 ETF 的起始月份。 • 體質穩健的基金禁得起長時間的比較，切勿因短期間的波動而忽略了一些好基金。
績效評比	可藉由績效評比判斷該基金是否為同類型中的佼佼者。 • 投資人可從短、中、長期的累積報酬率中，找出名列前 1/3 者，這代表基金或 ETF 表現突出，適合投資人關注的。
產業趨勢	原物料的未來趨勢是決定基金與 ETF 未來走向的重大指標。 • 當該檔基金或 ETF 主要投資的原物料商品或原物料公司未來需求增加，或是相關公司營收、獲利增加，訂單大增→產業前景處於復甦或成長階段，值得投資人投資買進。

● 期貨、選擇權的觀察重點

期貨與選擇權的投資標的為原物料本身，所以要觀察的趨勢與股票、基金、ETF較為不同，尤其以產業趨勢更為重要，可以做為投資趨勢預測的指標。

公開說明書	是指原物料期貨或選擇權和約規定，包括交易方式的選擇、通知方式的選擇、合約說明、規格說明，交易日期、保證金等，投資人尤其必須特別注意交易的時間點。
淨值表	是指最近成交價格與漲跌幅趨勢。 • 藉由該產品一年或三～五年間的價格變化，判斷目前的價位是否在正常合理的區間。 • 通常原物料價格會隨景氣變化而有波動，藉由價格也可以判定現在是否為進場的時機點。
產業趨勢	期貨與選擇權是連結原物料商品最直接的投資工具，因此原物料商品的未來趨勢將直接反映在這兩種金融商品的價格變化上。 • 當供應吃緊時→價格自然上升。 • 需求疲弱時→價格就下跌。 • 美元利率上揚會→減少黃金需求。 • 通貨膨脹與國際情勢不穩定→刺激黃金需求量。

產業趨勢是指該檔原物料未來的走勢狀況。但期貨、選擇權等期貨商品是隨著市場價格而變動，不像股票、基金等，無法比較誰的經營績效較佳、獲利較高。例如，當黃金下跌時，無論是芝加哥、紐約、或日本市場，所有黃金跌幅都差不多，雖會因區域或市場規格不同而有些許差異，但投資人無法藉由任何績效判定哪一個投資市場較佳。

交叉比對屬意的標的與可用工具

決定投資的方式有兩種，一種是先找出想投資的原物料公司、或金融商品，再決定投資工具；另一種則是先挑選投資工具後，再挑選公司、或金融商品。無論用哪一種方法，都需要用到前面所教的資料分析方法。

方法一
公司、或金融商品→工具

從前景明朗的原物料產業中挑選出財務能力好、獲利能力佳的公司，或產業的上、中、下游相關企業。（參見 P174）

例如，可選擇市場中包含了國內外股票、基金市場，但發覺國外經濟局勢不穩定，便可先從國內股票、基金市場進行投資。

↓

縮小範圍，找出以該績效佳的公司為主要投資對象的金融商品。（參見 P175）

↓

確認該金融商品所使用的投資工具適不適合自己。（參見 P176）

例如：黃金期貨、黃金公司股票、黃金選擇權等。

↓

決定投資對象與工具。（參見 P176）

方法二
工具→公司、或金融商品

先挑選出適合自己的投資工具，或從當前經濟情勢中，找出目前風險較低，獲利較高的投資工具。（參見 P177）

↓

從該種投資工具中尋找最具前景、最富潛力，最值得投資的公司、或金融商品。（參見 P177）

↓

確認所挑選的公司、金融商品的營運效率、財報表現、以及獲利前景。（參見 P178）

↓

決定投資對象。（參見 P179）

5 如何挑選第一檔原物料金融商品

先縮小原物料範圍，再找合適的投資工具

首先，教導大家先選擇公司、或金融商品，再挑選投資工具的實際演練，如下：

實例 小明是一個剛出社會的新鮮人，月薪三萬五千元，每個月房租、伙食等扣除後，可運用金額大約一萬元。目前存款 10 萬元。這是他第一次投資，目標是希望 3 年後能存到 20 萬結婚基金。

STEP 1 了解投資類型與設定報酬率

□ 保守型：不願承擔風險，也不願有任何損失
　　　　→風險承受度低＋期望報酬率低＝適合投資基金

☑ 穩健型：可承擔風險低，但可接受一點點損失
　　　　→風險承受度中＋期望報酬率中＝適合基金、ETF、股票

□ 積極型：享受風險，就算有大虧損仍想繼續投入市場
　　　　→風險承受度高＋期望報酬率高＝適合股票、期貨、選擇權

小結評估

小明評估後，認為自己是穩健型的投資人，可承擔風險低，但仍可接受一點點的損失以求稍微高的利潤。因此，基金、ETF和股票都是好的選擇。一開始，基金、是比較容易上手的。當投資時間較長，熟悉金融市場操作之後，ETF、股票也是值得投資的選擇。

STEP 2 初步篩選原物料公司、或金融商品

可投資的類型中，又有不同的原物料公司與金融商品可搭配選擇，因此，先從原物料產業中挑選出獲利能力好的投資工具，評斷可投資的原物料種類。

- **績效**：該原物料金融商品是否持續獲利（獲利：3分、持平：2分、虧損：0分）
- **體質**：該原物料金融商品在該同類產業獲利排行（前 1/3：3分、中間： 2分、後 1/3：0分）
- **前景**：該原物料未來可能發展前景（報章雜誌前景看好：3分、報章雜誌不常提到 2分 、報章雜誌偶爾提到 1分、報章雜誌看壞 0分）

原物料	投資工具	篩選條件	投資工具	篩選條件	投資工具	篩選條件
小麥	基金	績效：3分 體質：3分 前景：2分	ETF	績效：3分 體質：2分 前景：2分	股票	績效：3分 體質：3分 前景：2分
黃豆		績效：0分 體質：2分 前景：0分		績效：2分 體質：0分 前景：2分		績效：2分 體質：2分 前景：2分
咖啡		績效：2分 體質：0分 前景：0分		績效：2分 體質：0分 前景：2分		績效：2分 體質：2分 前景：2分
黃金		績效：0分 體質：2分 前景：2分		績效：3分 體質：0分 前景：0分		績效：2分 體質：0分 前景：3分
銅		績效：3分 體質：2分 前景：2分		績效：2分 體質：0分 前景：3分		績效：0分 體質：2分 前景：2分
原油		績效：0分 體質：2分 前景：0分		績效：2分 體質：2分 前景：0分		績效：2分 體質：2分 前景：0分
天然氣		績效：2分 體質：0分 前景：0分		績效：0分 體質：0分 前景：0分		績效：0分 體質：0分 前景：2分

小結評估

小明蒐集資訊後，發現目前總分最高的原物料是小麥，他再從小麥基金、小麥ETF、小麥股票中選出四檔比較好的金融商品，分別為統一股份有限公司股票、霸菱全球農業基金、元大寶來全球農業商機基金、及德銀遠東全球神農基金。

5 如何挑選第一檔原物料金融商品

深入分析篩選出的原物料金融商品

　　初步篩選出的原物料金融商品後，需要再進一步分析這些金融商品近期的具體表現，好讓投資人在好的進場時入場投資、未來獲利空間也比較大。

原物料種類：小麥
金融工具：基金、股票
- 比較四種金融工具的獲利率（過去三個月、過去一年、過去兩年），衡量目前是否在合理價格。
- 比較四種金融商品波動程度（過去三個月、過去一年、過去兩年）。

金融商品名稱		統一股份有限公司股票	霸菱全球農業基金	元大寶來全球農業商機基金	德銀遠東全球神農基金
獲利率	過去三個月	6%	7%	4%	2%
	過去一年	9%	4%	2%	3%
	過去兩年	7%	5%	3%	2%
漲跌總和%	過去三個月	5%	10%	-3%	-2%
	過去一年	3%	8%	2%	-5%
	過去兩年	3%	5%	3%	1%

小結評估

統一股份有限公司股票、霸菱全球農業基金、元大寶來全球農業商機基金獲利率都不錯，但以統一股份有限公司股票的波動幅度較小。

決定投資對象與工具

　　經過比較後，穩健型的小明決定選擇投報率與自己比較相符、且波動較小、風險相對較低的統一股份有限公司股票為自己的投資標的。

先縮小投資工具的種類，再找合適的原物料標的

接著，再以另一種方式，先挑選適合自己的投資工具，或從當前經濟情勢中，找出目前風險較低，獲利較高的投資工具後，在選擇原物料公司、或金融商品，實際演練如下：

實例 阿芳是一個家庭主婦，每月扣除家用開銷、保險投資、與急用金後，可運用金額大約五千元。目前他已經有投資幾支穩健型的股票，剩下可運用金額五千他希望再做一筆投資，目標 10 年後能做小孩留學基金。

STEP 1 了解投資類型與設定報酬率

☑ 保守型：不願承擔風險，也不願有任何損失
→風險承受度低＋期望報酬率低＝適合投資基金

☐ 穩健型：可承擔風險低，但可接受一點點損失
→風險承受度中＋期望報酬率中＝適合基金、ETF、股票

☐ 積極型：享受風險，就算有大虧損仍想繼續投入市場
→風險承受度高＋期望報酬率高＝適合股票、期貨、選擇權

小結評估

阿芳評估後認為自己保守型的投資人，不希望再投資方面有任何損失，因此適合投資基金。

STEP 2 初步篩選工具中可投資的原物料公司、金融商品

已經選定基金為投資工具，接著就要在可投資的公司，或金融商品中，挑選出目前前景好、績效佳的標的。因此，可藉由下表評斷出可投資的原物料公司、金融商品。

- 績效：該原物料金融商品是否持續獲利（獲利：3分、持平：2分、虧損：0分）
- 體質：該原物料金融商品在該同類產業獲利排行（前 1/3：3分、中間： 2分、後 1/3：0分）
- 前景：該原物料未來可能發展前景（報章雜誌前景看好：3分、報章雜誌不常提到 2分 、報章雜誌偶爾提到 1分、報章雜誌看壞 0分）

金融工具	基金						
原物料	小麥	黃豆	咖啡	黃金	銅	原油	天然氣
篩選條件	績效：0分 體質：2分 前景：2分	績效：2分 體質：2分 前景：2分	績效：2分 體質：0分 前景：0分	績效：3分 體質：2分 前景：2分	績效：2分 體質：0分 前景：2分	績效：3分 體質：2分 前景：3分	績效：2分 體質：2分 前景：2分

小結評估

阿芳蒐集資訊後，發現目前總分最高的原物料是黃金與石油，因此他再從黃金與石油的基金公司中挑選出發行公司績效較好的四支基金，分別是保德信全球資源基金、富蘭克林黃金基金、德意志黃金貴金屬股票基金、施羅德世界資源基金。

STEP 3 深入分析篩選出的原物料金融商品

初步篩選出的原物料金融商品後，需要再進一步分析這些金融商品近期的具體表現，好讓投資人在好的進場時入場投資、未來獲利空間也比較大。

原物料種類：黃金、石油
金融工具：基金
- 比較四種金融工具的獲利率（過去三個月、過去一年、過去兩年），衡量目前是否在合理價格。
- 比較四種金融商品波動程度（過去三個月、過去一年、過去兩年）。

金融商品名稱		保德信全球資源基金	富蘭克林黃金基金	德意志黃金貴金屬股票基金	施羅德世界資源基金
獲利率	過去三個月	3%	5%	2%	2%
	過去一年	4%	3%	1%	4%
	過去兩年	2%	4%	-1%	2%
漲跌總和%	過去三個月	2%	2%	2%	-2%
	過去一年	2%	3%	2%	5%
	過去兩年	1%	4%	-3%	1%

小結評估

依照獲利率來看，目前保德信全球資源基金、富蘭克林黃金基金的波動幅度都不大，但富蘭克林黃金基金的獲利比較好。

STEP 4 決定投資對象

在經過比較後，保守型的阿芳決定選擇投報率較高的富蘭克林黃金基金為自己的投資標的。

INFO 初級投資人的最佳投資方法

對於剛入門的投資人來說，先挑選自己有興趣的一～兩種原物料進行研究，再了解這些原物料產品有哪些適合的金融商品，是一個較安全的入門方式。切勿貪多與心急，原物料種類繁多，每一種原物料的情況都不相同，從自己最熟悉的開始入門，是最佳的投資方法。

6 Chapter

做好投資前功課、
掌握時機好進場

　　剛進入原物料投資領域的投資人想在有限的經驗
中戰勝原物料投資市場，只有在投資前做好充足的功
課，包括學習掌握資訊、學習判讀資訊、學會運用知
識，才能在原物料市場中成為贏家。

本篇教你

- ⊘ 進場前的各種準備工作
- ⊘ 了解各類金融商品交易手續
- ⊘ 如何選擇金融商品的交易公司
- ⊘ 看懂原物料金融商品的報價方式
- ⊘ 辨別原物料金融商品的行情變動訊息
- ⊘ 學會運用市場資訊，掌握市場趨勢
- ⊘ 判斷原物料金融商品的最佳進場時機
- ⊘ 設立原物料金融商品的停損、停利點

準備好交易環境

無論是操作股票、基金、ETF、期貨、選擇權，在投資前，都需要先選擇信賴的代辦金融機構，再到其指定銀行進行開戶，將投資資金存入帳戶中，才能開始投資。

STEP 1 選擇券商、銀行、代銷公司、期貨商

　　選擇好的代辦金融機構，就像選擇一個好夥伴。他們除了能協助投資人下單，購買相關國內、外金融商品外，還能供多樣的原物料商品資訊與金融市場的訊息。（參見P184）

對應的機構

- 股票→證券公司
- 基金→銀行、代銷機構
- ETF →銀行、代銷機構
- 期貨→期貨商、綜合券商
- 選擇權→期貨商、綜合券商

STEP 2 開戶

　　選擇經辦機構後，就必須到該機構指定銀行完成開戶手續。之後，將一定的金額存入帳戶內，才能進行交易。但必須注意，每一種金融商品需要存入的金額並不相同，投資人在開戶前要特別留意並詢問清楚。（參見P185）

委託下單

　　投資人透過代辦金融機構的營業員購買原物料金融商品。投資人告知營業員的下單方式有親自下單、電話下單、及網路下單。（參見P186）

　　做法

- 親自下單→親自到營業櫃台購買。
- 電話下單→親自打電話給經辦人員指示下單。
- 網路下單→從代辦金融公司網站上的網路下單平台操作交易。

成交

　　在下單後，代辦金融機構會為投資人完成所有的交易手續，購買原物料金融商品的費用會自動從投資人的帳戶中扣款，並同時將金融商品撥入投資人的帳戶中。必須確認這些交易步驟才算完成交易。（參見P187）

　　確認方式

- 親自下單＋電話下單→營業員會回覆投資人成交明細。
- 網路下單→需自行上網查詢交易是否成功、以及其他交易細項。

交易前的注意事項

既然決定投資，良好的投資紀律是絕對必要的。除了熟悉市場行情，交易的細節也不能馬虎。不過，大多數的投資人無法花太多時間在投資管理上，如果能找到好的代辦機構和營業員，不僅可以有效率地進行下單、解決交易狀況、回報交易情形，有規模的公司和優秀的營業員，還會提供客製化的諮詢和建議。

好的代辦機構、和營業員的條件

代辦機構通常就是券商、銀行等，依不同業務性質、營業規模，多半都有市場研究團隊，有一套看市場的方式。而和投資人最常接觸的營業員，素質良好的話，可以給投資人許多協助。挑選代辦機構與營業員時，可參考下列幾項條件：

好的代辦機構應該是：
- 每天提供市場資訊、研究報告。
- 主動即時告知市場的重大訊息。
- 金融商品種類多樣。
- 交易平台方便，如可接受臨櫃、網路、電話、手機下單等。

好的營業員應該是：
- 主動觀察、積極了解投資人的投資取向。
- 客製、提供投資人所需的資訊。
- 提供投資建議，但不催促。
- 有效執行委託，確實回報風險
- 協助投資人做好風險控管。

交易過程得注意事項

即使有再好的代辦機構和營業員，投資人才是真正投入資金進行投資的主角，對整套交易過程都得親自參與，仔細弄清楚才好。注意式樣大致有：

1、能一次辦好的，就不要漏失

一般投資人只要年滿20歲、備妥身分證、私章、及另一份可證明身分的證件，親自前往對應的代辦機構（參見P182）就能辦理開戶。開戶時代辦機構會指派一位營業員給投資人，並需在現場填寫開戶文件。投資人填寫時、或對未來聯繫方式有任何疑問時，都要提出來詢問營業員。藉此也可以先測試看看營業員的服務品質。不過日後如果對營業員不滿意，還是可以要求更換。

年滿 20 歲

親自前往

代辦機構

投資人

營業員

需準備好身分證、私章、另一份可證明身份的證件

指派服務的營業員協助投資人填寫開戶文件

期貨與選擇權交易前，有保證金的問題，投資人須先準備一定額度的保證金（依照合約規定），並將保證金存放於戶頭中，才能進行下單。

2、下單資料需完整、過程需謹慎

　　打電話給營業員下單或自行網路下單時，都必須特別注意欲購入或出售原物料金融商品的①投資人帳號、②數目、③商品、④價位、⑤買或賣、⑥月份（期貨與選擇權才有）項目，並仔細地再檢查一次，唯有謹慎才能讓投資過程順利不出錯。

臨櫃下單：

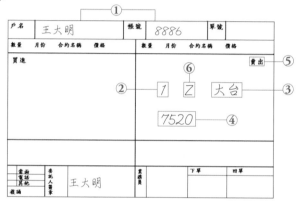

電話下單：

您好，我的帳號是 <u>8886</u>，我要
　　　　　　　　　①

<u>賣出</u>　<u>1口</u>　<u>12月份</u>的<u>大台指期貨</u>在 <u>7520</u>。
　⑤　　②　　⑥　　　　③　　　　　④

3、留意成交時的金錢動向

投資時皆以指定開戶的戶頭來做交易，所以投資人必須留意帳戶中有沒有足夠的資金，以免因帳戶資金不足而錯過進場時機。

- 購買投資商品時→帳戶的金額必須充足，須牢記務必在投資的時間點前，把投資金匯到你的指定銀行帳戶。

- 賣出金融商品時→賣出的款項會在成交日的幾天內匯入投資人的銀行帳戶，匯入日期因交易的原物料金融商品不同而有所區別，投資人需主動注意戶頭的金錢流動。

4、留意時差的問題

目前國內受託外國股票買賣的證券商，並沒有同步與美國股市做即時連線交易，所以操作國外金融商品時，需特別注意時差的問題。

美國股市為例：

- 臨櫃＋電話下單→台灣金融機構下單時間為上午 8：30 ～下午 4：30（營業時間），證券商會在美股開盤前，把投資人的資料匯到美國的證券商，等開市後再撮合交易單。

- 網路下單→投資人須自行確認美國當地的營運時間，才能進行下單交易。

INFO 期貨與選擇權合約的月份代碼

期貨、選擇權在購買時可以選擇月份，單看投資人要投資哪個月份的合約商品，以英文單字表示。購買期貨合約時，一～十二月份英文代碼分別是 FGHJKMNQUVXZ。選擇權的買權一～十二月英文數字分別是 ABCDEFGHIJKL；賣權則是 MNOPQRSTUVWX。

看懂投資標的的報價

進場投資前，投資人得持續觀察市場行情與漲跌狀況，才能找到適合目前投資的標的物、不錯過最佳進場時機。目前原物料金融商品最新的價格資訊在報紙、網路、電視都可以查到。通常電視和網站都是當日最新的價格資訊，報紙則是前一交易日的價格訊息。

股票

當投資人從網站或報紙上觀察個股動態時，最常出現的報價方式包括了買進價、賣出價、成交價、漲跌幅等資訊。每種資訊皆有不同含義，分析這些訊息可了解每檔原物料股票的表現特性。

鋼鐵類股			①買進	②賣出	③成交	④漲跌	⑤漲%	⑥成交量	⑦成交額	⑧開盤	⑨最高	⑩最低	⑪昨收
時間	代碼	名稱	買進	賣出	成交	漲跌	漲%	成交量	成交額	開盤	最高	最低	昨收
14:30:00	1532	勤美	45.40	45.50	45.40	-0.40	-0.87	1,503	68,236	45.80	46.00	45.30	45.80
14:30:00	2002	中鋼	25.80	25.85	25.85	0.05	0.19	11,208	289,727	25.80	25.85	25.70	25.80
14:30:00	2006	東鋼	26.70	26.80	26.70	-0.50	-1.84	1,841	49,155	27.05	27.20	26.70	27.20
14:30:00	2007	燁興	7.12	7.20	7.20	0.10	1.41	84	605	7.12	7.20	7.10	7.10
14:30:00	2008	高興昌	11.40	11.45	11.40	0.15	1.33	563	6,418	11.30	11.50	11.30	11.25
14:30:00	2009	第一銅	9.33	9.35	9.33	0.05	0.54	372	3,471	9.28	9.34	9.21	9.28
14:30:00	2010	春源	11.25	11.30	11.25	0.00	0.00	450	5,063	11.25	11.30	11.20	11.25
14:30:00	2012	春雨	11.20	11.25	11.20	0.10	0.90	33	370	11.15	11.20	11.10	11.10
14:30:00	2013	中鋼構	36.55	36.60	36.60	0.50	1.39	813	29,756	36.30	36.60	36.30	36.10
14:30:00			8.50	8.51	8.50	0.00	0.00				8.52	8.48	8.50

單位：台幣/仟元 2013-10-24

資料來源：鉅亨網

1、買進：股票交易當日個股最後一筆買進價。
2、賣出：股票交易當日個股最後一筆賣出價。
3、成交：股票交易當日最後一筆成交價格。
4、漲跌：個股當日收盤與前一日收盤價的價差。
5、漲（％）：個股當日收盤與前一日收盤價差的漲跌幅比率。
6、成交量：該股票的成交股票張數。
7、成交額：該股票的成交股票金額。
8、開盤：股票開盤當日個股的第一筆成交價格。
9、最高：股票開盤交易當日，個股每一次成交價格並不相同，此指當天最高的成交價。

10、最低：與最高意義相反，此指當天最低的成交價。
11、昨收：昨天交易日的收盤價格。

基金

　　每檔原物料基金大多是一籃子原物料股票的投資組合，也就是每檔原物料基金價格是一籃子原物料股票的平均價格。因此投資人除了觀察想要投資的原物料基金報價外，也應該留意該檔基金的投資標的的股票表現。

① 白選 基金名稱	② 幣別	③ 日期	④ 淨值	⑤ 漲跌	⑥ 漲%(原幣)	⑦ 漲%(台幣)	⑧ 基金組別	⑨ 基金規模(億)	⑩ 成立日期
瀚亞全球農業基金-A類美元	美元	2013-10-24	2.5760	0.00	0.00	0.00	產業股票 - 農產品	GBP 2.38	2010-03-05
瀚亞全球農業基金-A類英鎊	英鎊	2013-10-24	1.5850	-0.01	-0.38	-0.38	產業股票 - 農產品	GBP 2.38	2009-01-16
瀚亞全球農業基金-A類歐元	歐元	2013-10-24	1.8630	-0.01	-0.43	-0.43	產業股票 - 農產品	GBP 2.38	2009-06-16
華南永昌全球神農水資源基金	新台幣	2013-10-23	8.6400	-0.01	-0.12	-0.12	產業股票 - 農產品	TWD 10.96	2007-12-14
德銀遠東DWS全球神農基金	新台幣	2013-10-23	10.3600	-0.04	-0.38	-0.38	產業股票 - 農產品	TWD 4.76	2010-11-23
德盛安聯全球農金趨勢基金	新台幣	2013-10-23	8.5400	-0.07	-0.81	-0.81	產業股票 - 農產品	TWD 59.72	2008-02-12
元大寶來全球農業商機基金	新台幣	2013-10-23	16.0700	-0.07	-0.43	-0.43	產業股票 - 農產品	TWD 7.33	2008-09-09
富邦農糧精選基金	新台幣	2013-10-23	9.8700	-0.08	-0.80	-0.80	產業股票 - 農產品	TWD 3.39	2011-04-25
貝萊德世界農業基金 A2 美元	美元	2013-10-24	12.5900	-0.09	0.71	-0.67	產業股票 - 農產品	USD 2.03	2010-02-09
東方匯理系列基金全球農業基金 AU	美元	2013-10-24	92.8600	-0.34	-0.36	-0.36	產業股票 - 農產品	USD 1.01	2008-03-04
東方匯理基金全球農業基金 AE	歐元	2013-10-24	140.2400	-0.60	-0.43	-0.40	產業股票 - 農產品	USD 1.01	2009-10-13
德意志DWS Invest 全球神農A2	美元	2013-10-24	131.8400	-1.40	-1.05	-1.01	產業股票 - 農產品	USD 21.03	2006-11-20
德意志DWS Invest 全球神農NC	歐元	2013-10-24	115.9400	-1.41	-1.20	-1.01	產業股票 - 農產品	USD 21.03	2006-11-20
德意志DWS Invest 全球神農LC	歐元	2013-10-24	121.6000	-1.48	-1.20	-1.01	產業股票 - 農產品	USD 21.03	2006-11-20

資料來源：鉅亨網

1、基金名稱：該基金公司發行的基金。
2、幣別：該基金的計價幣別。投資人必須用該幣別來購買基金。
3、日期：是基金淨值的報價日期。
4、淨值：報價日期的基金淨值。
5、漲跌：基金淨值比前一個交易日的漲跌情況。
6、漲（％原幣）：基金淨值比前一個交易日的漲跌幅度比率，以該計價的幣別計算。
7、漲（％台幣）：基金淨值比前一個交易日的漲跌幅度比率，以換算成台幣後的漲跌來計算。
8、基金組別：同類型的基金分類。
9、基金規模（億）：目前該基金的投資金額。
10、成立日期：個檔基金的成立日期。

ETF

原物料ETF與原物料基金概念類似，屬於一籃子的原物料股票或原物料期貨價格，目前主要投資標的多為原物料股票。

時間	代碼	①名稱	②最新價	③漲跌	④漲%	⑤開盤	⑥最高	⑦最低	⑧成交量(股)
04:47	VAW	先鋒原物料指數基金 VANGUARD MATERIALS ETF	100.06	0.54	0.54%	0.01	100.08	99.57	24,034
03:59	VDE	先鋒能源指數基金 VANGUARD ENERGY ETF	124.33	0.98	0.79%	0.01	124.46	123.25	52,357
04:51	UNG	美國天然氣ETF US NATURAL GAS FUND ETF	18.61	0.1	0.54%	0.01	18.64	18.29	1,730,055
03:57	UGA	美國天然氣ETF US GASOLINE FD PRTNR ETF	55.15	0.52	0.95%	0.01	55.24	54.63	6,076
04:00	USL	美國連續12月原油期貨ETF US 12 MONTH OIL FUND ETF	42	-0.07	-0.17%	0	42.05	41.77	15,620
05:08	USO	美國石油指數基金 UNITED STATES OIL FD LP	34.99	0.04	0.11%	0	35.05	34.68	3,743,416
		美國SPDR油氣設備&服務指數基金							24,190

資料來源：鉅亨網

1、名稱：該ETF公司發行的基金。
2、最新價：今日該檔ETF收盤價格。
3、漲跌：該檔ETF當日收盤與前一日收盤價的價差。
4、漲（%）：個股當日收盤價與前一日收盤價差的漲跌幅比率。
5、開盤：ETF開盤當日的第一筆成交價格。
6、最高：ETF開盤交易當日，每一次成交價格並不相同，此指當天最高的成交價。
7、最低：此指當天最低的成交價。
8、成交量：該ETF的成交量。

期貨

　　期貨的行情資訊可由網路、報章雜誌或交易商的及時報價系統得知，但因期貨行情變化迅速，取得的資訊行情只能做為判斷分析的參考依據，若想了解及時行情還是使用交易商的報價系統查詢為佳。

名稱	交易所	① 買進價	② 賣出價	③ 成交價	④ 漲跌	⑤ 漲%	⑥ 開盤	⑦ 最高	⑧ 最低	⑨ 昨收
近月白金		1413.1	1413.5	1,413.50	6.60	0.47	1,409.00	1,419.90	1,409.00	1,406.90
黃金現貨	BROKER	1345.34	1345.76	1,345.40	-0.48	-0.03	1,346.00	1,347.90	1,344.50	1,345.85
近月黃金	COMEX	1345.1	1345.3	1,345.40	-4.90	-0.36	1,346.90	1,347.90	1,345.00	1,350.30
白銀現貨	BROKER	22.679	22.715	22.68	0.01	0.04	22.68	22.74	22.68	22.67
近月白銀	COMEX	22.72	22.73	22.72	-0.10	-0.45	22.73	22.76	22.71	22.82
白金現貨	BROKER	1443.75	1453.75	1,443.75	-6.25	-0.43	1,450.00	1,452.00	1,450.00	1,450.00
近月白金	NYMEX	1448.7	1449.3	1,449.30	-6.90	-0.47	1,451.80	1,453.30	1,448.40	1,456.20

資料來源：鉅亨網

1、**買進價**：該期貨交易當日的最後一筆買進價。
2、**賣出價**：該期貨交易當日的最後一筆賣出價。
3、**成交價**：該期貨交易當日最後一筆成交價格。
4、**漲跌**：該期貨當日收盤與前一日收盤價的價差。
5、**漲（%）**：該期貨當日收盤與前一日收盤價差的漲跌幅比率。
6、**開盤**：該期貨開盤當日的第一筆成交價格。
7、**最高**：期貨每一次成交價格並不相同。這裡是指期貨開盤當日最高的成交價。
8、**最低**：反之，這是當日最低的成交價。
9、**昨收**：昨日交易日的收盤價格。

選擇權

　　國內尚未有原物料選擇權的金融商品，因此國外原物料選擇權的行情取得主要來自網站。無論是哪一種網站、或證券商的報價系統，格式大致雷同。

① 到期月份(週別)	② 履約價	③ 買賣權	開盤價	④ 最高價	⑤ 最低價	⑥ 最後成交價	⑦ 結算價	⑧ 漲跌價	漲跌%	⑨ *成交量	⑩ *未沖銷契約量	最後最佳買價	最後最佳賣價	歷史最高價	歷史最低價
201310W5	7800	Call	-	-	-	-	545	-	-	0	0	488	605	-	-
201310W5	7800	Put	0.5	0.5	0.5	0.5	0.1	▲+0.3	▲+150.00%	1	11	-	0.5	0.5	0.4
201310W5	7900	Call	-	-	-	-	446	-	-	0	0	388	505	-	-
201310W5	7900	Put	0.5	0.5	0.3	0.3	0.1	▼-0.1	▼-25.00%	80	495	-	0.5	0.6	0.3
201310W5	8000	Call	-	-	-	-	346	-	-	0	2	283	410	360	360
201310W5	8000	Put	0.6	0.6	0.4	0.5	0.5	0	0%	228	2331	0.2	0.5	1.2	0.4
201310W5	8100	Call	280	283	230	249	249	▼-54	▼-17.82%	45	37	241	258	286	230
201310W5	8100	Put	0.8	1.3	0.6	1	1	▲+0.3	▲+42.86%	1509	3914	0.7	0.9	2.3	0.5

資料來源：鉅亨網

1、**到期月份**：是指原物料選擇權合約的到期月份。

2、**履約價**：該檔合約中約定合約到期時的執行價格。

3、**買賣權**：原物料選擇權的商品類型，基本上可以分為買權和賣權，投資人可以買、賣「買權」，也可以買、賣「賣權」。

4、**最高價**：是指該檔合約當日成交的最高價格。

5、**最低價**：是指該檔合約當日成交的最低價格。

6、**最後成交**：是指該檔合約當日的最後一筆成交價。

7、**結算價**：當天收盤後，主管機關會將每檔合約的結算價公告出來。結算價主要用來計算每檔合約損益的比較基準，以供結算之用。

8、**漲跌價**：指該檔合約當日收盤前的最後一筆成交價與前一天結算價的差距。

9、**成交量**：指該檔合約當日的所有交易量。

10、**未沖銷契約量**：指當天收盤後，該檔合約所有買、賣方尚未沖銷的總和。

現貨

　　現貨部分除了在銀樓購買金、銀條塊外，台灣銀行也有提供黃金存摺、金銀貨幣的買賣，但須留意，每種現貨的規格並不相同，購買時要進一步確認。

品名 / 規格								單位：新臺幣元
								1公克
黃金存摺 歷史黃金牌價	本行賣出	-	-	-	-	-	-	1268
	本行買進	-	-	-	-	-	-	1253

品名 / 規格		單位：新臺幣元			
		1公斤	500公克	250公克	100公克
黃金條塊	本行賣出	1274459	637862	319247	128072
	黃金存摺轉換條塊應補繳款	6459	3862	2247	1272

品名 / 規格		單位：新臺幣元	
		1台兩	
真銀金鑽條堆	本行賣出	48282	-

品名 / 規格		單位：新臺幣元									
		1台兩	1英兩	20公克	1/2英兩	10公克	1/4英兩	5公克	1/10英兩	2.5公克	2公克	1公克
幻彩條塊	① 本行賣出	48282	40103	26261	-	13807	-	7232	-	-	-	1848
	② 本行買進	46988	38968	25060	19484	12530	9742	6265	3897	3133	2506	1253
	③ 黃金存摺轉換幻彩條塊應補繳款	732	668	-	-	1127	-	-	-	-	-	580

品名 / 規格		單位：新臺幣元								
		1英兩	1/2英兩	1/4英兩	1/10英兩	1/20英兩	全套合計	1公斤	10英兩	2英兩
袋鼠金幣	① 本行賣出	41713	21387	10912	4480	2606	81098	-	-	-
	② 本行買進	38968	19484	9742	3897	1948	74039	-	-	-
	③ 黃金存摺轉換袋鼠金幣應補繳款	2278	-	-	537	-	-	-	-	-
	本行賣出	41713	21387	10912	4480	2606	81098	-	-	-

資料來源：台灣銀行

1、本行賣出：台灣銀行賣出貴金屬現貨給投資人的價格。

2、本行買進：台灣銀行從投資人手上買入貴金屬現貨的價格。

3、黃金存摺轉換差價：投資人購買台灣銀行發行的黃金存摺後，若想將存摺中的黃金轉換成其他貴金屬商品，所需補的價差。

進場前必須知道的行情與走勢

投資人在進場前，除了了解各種投資工具的報價方式外，更要知道這些報價內容中所隱含的重大訊息、以及各種數字變化所代表的含義，才不會盲從價格漲跌進行錯誤判斷。

掌握整體分類行情

無論是股票、基金、期貨等的投資工具，在各自的報價系統中都有編制產業分類，不同的投資工具分法會稍有不相同，但主要可分為農產品、能源、貴金屬、鋼鐵、天然資源等六項，投資前應先觀察大分類中的整體行情上漲或是下跌，這代表整體分類的大趨勢。

情況①如果趨勢上揚→表示這個分類中的大多數原物料產品都是走揚。

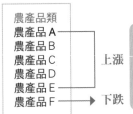

代表意義：整體大盤上漲。
分析：分類中大部分金融商品為上漲趨勢，只有小部分下跌。
特別留意：下跌商品不宜貿然進場購買。

情況②如果趨勢下跌→表示這個分類中的大多數原物料產品都是下跌。

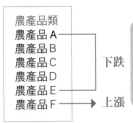

代表意義：整體大盤下跌。
分析：分類中大部分金融商品下跌，小部分上漲。
特別留意：上漲商品不宜貿然進場購買。

留意技術趨勢訊號

　　技術趨勢線是根據股票價格所繪製出來的，主要可分為短期、中期和長期，不同的金融商品，短、中、長期所指的時間也略有不同。

短中長期區間

- **移動平均線**→是過去一段期間內一檔原物料金融商品的平均價格。
- **短期移動平均線**→通常使用 5 日、10 日、或 20 日。
- **中期移動平均線**→ 60 日、70 日。
- **長期移動平均線**→ 150 日、200 日。

觀察重點

- 如果短期平均線持續上升→還要持續追查，未來趨勢無法評估。參見實例：①②
- 如果短、中期平均線持續上升→代表多頭可能正在形成。參見實例：③④
- 如果短、中、長期平均線持續上升→多頭市場確立。參見實例：⑤
- 如果短期平均線持續下滑→還要持續追查，未來趨勢無法評估。
- 如果短、中期平均線持續下滑→空頭市場可能正在形成。
- 如果短、中、長期平均線持續下滑→空頭市場確立。

實例

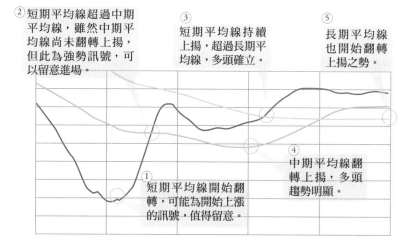

② 短期平均線超過中期平均線，雖然中期平均線尚未翻轉上揚，但此為強勢訊號，可以留意進場。

③ 短期平均線持續上揚，超過長期平均線，多頭確立。

⑤ 長期平均線也開始翻轉上揚之勢。

① 短期平均線開始翻轉，可能為開始上漲的訊號，值得留意。

④ 中期平均線翻轉上揚，多頭趨勢明顯。

紅：短期平均線　綠：中期平均線　■：長期平均線

隨時更新標的原物料價格

　　以原物料為標的的金融商品和其他商品不同，所有行情漲跌都會受到原物料實體價格影響，即使是原物料公司的股票價格，雖與公司體質、經營成效關係較大，但當該原物料價格不佳時，公司體質再好也會受到拖累。因此，無論購買哪一種原物料金融商品，所對應的原物料價格都是需要長期觀察的重點。

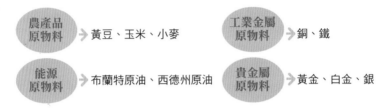

農產品原物料 ➜ 黃豆、玉米、小麥

工業金屬原物料 ➜ 銅、鐵

能源原物料 ➜ 布蘭特原油、西德州原油

貴金屬原物料 ➜ 黃金、白金、銀

觀察時需比較期貨價格與現貨價格

　　現貨市場為現在交易原物料的價格，而期貨市場為原物料商品未來的價格。因此，當現貨市場與期貨市場的價格出現了較大的價差時，就表示行情上有了明顯的變化。

基本要點

現貨市場→反應及時成交價格。
期貨市場→因為是遠期交易，所以資金必內含時間成本的概念，再加上必須支付倉儲與保險費用，因此價格會超過現貨市場價格。換句話說，遠期交割時間愈長，其交易價格就會愈高。

市場行情

正常市場→期貨價格會高於現貨市場，而遠期契約價格也會高於近期契約。
逆向市場→期貨價格低於現貨市場，而遠期契約價格也低於近期契約。例如預期未來玉米大豐收，造成玉米的期貨價格低於現貨價格，就稱「逆向市場」或「折價市場」。

投資策略

• 當投資人觀察到目前情勢屬於正常市場，則可以進一步分析投資原物料商品。
• 投資人於市場中觀察到逆向市場，則需特別謹慎小心投資。

不同投資工具的價位變動方式

不同的原物料金融商品，計算價位變動的方式也不同。要知道真正數字跳動代表的涵義，才能精準估算所需花費的成本，選擇適合進場與出場的時機。

● 股票

我們常聽到的股票報價，是投資人買賣一張股票的交易價格，而一張股票內含1,000股，因此報價價格要乘以1,000股，才是該股票的真正價值。另外，不同價位的股票，價位的波動也不相同，購買時要特別留意。

股價幅度	買進一張價格 （股價 ×1,000）	變動 單位	股價 舉例	變動幅度
0 ~ 10 元	0 元~ 10,000 元	0.01 元	1.90 元	上漲一單位：1.91 元 下跌一單位：1.89 元
10 ~ 50 元	10,000 元~ 50,000 元	0.05 元	15.70 元	上漲一單位：15.75 元 下跌一單位：15.65 元
50 ~ 100 元	50,000 元~ 100,000 元	0.1 元	77.4 元	上漲一單位：77.5 元 下跌一單位：77.3 元
100 ~ 500 元	100,000 元~ 500,000 元	0.5 元	135.5 元	上漲一單位：136 元 下跌一單位：135 元
500 ~ 1000 元	500,000 元~ 1,000,000 元	1 元	742 元	上漲一單位：743 元 下跌一單位：741 元
1000 元以上	1,000,000 元以上	5 元	1,080 元	上漲一單位：1,085 元 下跌一單位：1,075 元

實例 假設小明要買進一張中鋼股票，目前該股每股 26.30 元，買進一張必須準備多少錢？

• 一張中鋼股票的價格＝每股報價 ×1,000 股
　　　　　　　　　　　＝ 26.30×1,000
　　　　　　　　　　　＝ 26,300 元

結論→小明要花 26,300 買一張中鋼的股票

● 基金

在報表上所見基金淨值,是基金單位淨值的縮寫,代表該基金的每單位資產淨值。淨值是根據該檔基金投資的原物料股票、原物料債券、原物料期貨等標的,每日收盤價格扣除掉需支付的各種交易費用,再除以基金的發行單位數後,所計算出來的價值。通常投資人購買時是以一定金額例如一萬、兩萬下單,將投資的金額除以目前的淨值,就是購得的基金單位數。

實例 元大寶來黃金期貨基金目前的淨值為 7.88 元,阿玉決定投資一萬元購買該檔基金,手續費 3%,則阿玉總共購買了多少基金單位數?

• 持有基金單位數=(投資金額-手續費)/基金淨值
  =(10,000 - 10,000×3%)/ 7.88
  = 1,230.96

結論→阿玉總共購買了 1,230.96 個基金單位

● ETF

ETF購買方式類似基金,以投資金額扣除手續費後,除以購買時最新價格,即為購買的單位數。

實例 美國天然氣 ETF 的目前價格為 19.33 元,雅文決定投資一萬元於該檔 ETF 上,手續費 3%,則雅文總共買到了多少單位的 ETF?

• 持有 ETF 單位數=(投資金額-手續費)/基金淨值
  =(10,000 - 10,000×3%)/ 19.33
  = 501.81

結論→雅文總共買到了 501.81 個 ETF 單位

●期貨

台指期貨的報價方式是以點（升降單位）來報價，不同的期貨商品，其每次跳動的點與計價方式不同，因此投資人必須了解欲投資商品的升降單位，與報價單位代表的金額，才能了解每日行情，做出正確判斷。以大台指期貨為例，升降單位為1點，每點200元新台幣。

實例 目前大黃金的報價為每盎司 672.6 美元，而大黃金期貨的合約規格為 100 盎司、最小跳動點每盎司 0.1 美元，最小跳動值為 10 美元。曉芳現在想買進一口大黃金期貨，則需要花費多少錢？小芳買進大黃金期貨後指數往上跳動一點，則曉芳此時的合約上漲了多少錢？

- 一口價格＝合約規格 × 大黃金期貨價值
  ＝ 100×672.6
  ＝ 67,260 美元（小芳買進大黃金期貨合約的成本）

- 上漲後的價位＝目前價格＋跳動點數
  ＝ 672.6 ＋ 0.1
  ＝ 672.7 美元／盎司（此為上漲後的黃金價格，而目前合約價值為 100×672.7）

- 上漲後的價格＝目前合約價值－購買時的合約價值
  ＝ 67,270 － 67,260
  ＝ 10 美元

結論→小芳花了 67,260 美元購買一口大黃金期貨合約，當上升一單位後，小芳的合約價值上漲了 10 美元。

● 選擇權

選擇權和期貨相同，不同的商品，其跳動點與計價方式不同，端看買賣商品為何。以芝加哥商品交易所（CBT）的小麥選擇權為例，最小跳動點為0.25，每點12.5美元。此外，選擇權的損益需要每日計算，持續累計至平倉賣出，而不同期貨只計算買進賣出、買空放空的交易價差。

實例　大華於三月十日上午賣出一口三月台股選擇權、每次跳動以 200 點為單位計算，成交價為 7,700 點、原始保證金 9 萬元、保證金維持金 6 萬 9 千，當日收盤結算價為 7,805 點。三月十一日於盤中再以 7,500 點買回平倉，整個交易過程之保證金及損益情形如下：

三月十日的損益情況

- 每日損益＝（成交價－結算價）× 每點跳動數
  ＝（7,700 － 7,805）×200
  ＝ –21,000（當天交易損益為虧損 2 萬 1 千元）

- 保證金淨值＝原始保證金＋每日損益
  ＝ 90,000 ＋（－ 21,000）
  ＝ 69,000（保證金淨值＝維持保證金，所以不需補繳保證金，但也不可申請提領保證金。）

三月十一日買回平倉的損益情況為

- 每日損益＝（成交價－結算價）× 每點跳動數
  ＝（7,850 － 7,500）×200
  ＝ 70,000（當天交易獲利 7 萬元）

- 保證金淨值＝原始保證金＋每日損益
  ＝ 69,000 ＋ 70,000
  ＝ 139,000

結論 → 大華買回平倉獲利 4 萬 9 千元（70,000 ＋（－ 21,000），而保證金淨值 ＞ 維持保證金，所以不但不用補繳保證金，還可申請提領保證金，可領回金額為 4 萬 9 千（139,000 － 90,000）。

投資前如何分析市場行情

投資原物料金融商品時，投資人需要同時了解原物料的訊息、與金融商品的特性。從選擇一項原物料投資標的開始到進場前的準備工作可從幾個面向來觀察，有系統地搜集資訊才能達到事半功倍的效果。

基本面

基本面包括世界的總體經濟趨勢、景氣循環、原物料的基本供需分解，也就是原物料最基本的趨勢。了解原物料的基本供需狀況、世界趨勢後，才能判斷當供需失衡時，原物料的走勢。（參見P202）

技術面

技術面的訊息是指各種金融工具的大盤趨勢，整體盤面、或是個別金融工具的趨勢圖，將是分析市場行情的一大重要工具之一。（參見P206）

市場消息

市場消息是指市場上的大股東、投信等法人機構對於這些原物料金融工具的持有狀況，通常當大股東或法人機構對未來看好、持有比例增加時，一方面代表對該檔原物料金融商品深具信心，一方面也表示這個原物料投資工具有上漲的空間。（參見P209）

政策消息

這類訊息包括政府釋出的利多消息、利空消息、法規的改變、甚至是利率調升、調降等，都會影響到原物料的生產與需求，是一個重大訊息指標。（參見P210）

其他訊息

對於原物料而言，突發的事件與意外，如產地國發生罷工、害蟲侵襲等等，會很立即、且大量的影響原物料的走勢，不得不特別的留意。（參見P212）

基本面

　　基本面指的是整體景氣循環與原物料基本供應需求的情況，原物料特殊之處在於，並非一定要在景氣循環的高點時才能投資，通常在不同景氣循環點，有不同的投資標的物。所以只要能清楚明目前的景氣循環點，投資人就能找到投資標的。

●景氣循環

貴金屬、能源和工業金屬三種原物料產品，深受景氣循環的影響， 不同階段有不同的投資標的物可選擇。景氣循環主要是依據經濟成長率、失業率等政府公布數據所構成，用來衡量一國的經濟狀況。

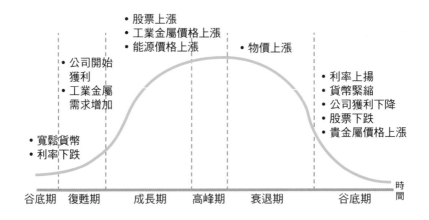

●利用景氣循環進場

在每個景氣波段中，可以進場投資的原物料產品都不相同，只要在不同景氣階段，正確運用投資工具，就能不受景氣好壞影響。但需特別注意的是，股票市場通常會與大盤有直接關聯，如果景氣很差，大盤情況不明，有時個股也會受到牽連，當使用股票為投資工具，或金融商品中有個股成分的時候，都要多加留心。

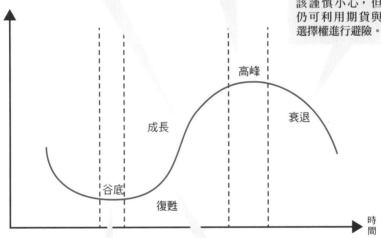

此時各種金融市場蓬勃發展，只要體質良善的公司，皆可進入投資。

物價高漲、油價來到高點，開始出現反彈聲浪，投資人就要趕緊出場，此時無論是任何金融商品都不宜進場。

當景氣處於衰退期，利率上漲、貨幣緊縮，公司獲利減少，投資應該謹慎小心，但仍可利用期貨與選擇權進行避險。

高峰

成長

衰退

谷底

復甦

時間

景氣低迷時，利率下跌，各種金融商品前景不明，投資實體商品為最佳選擇，或利用期貨與選擇權進行反相操作。

工商動能開始熱絡，公司逐漸獲利，各國經濟開始成長，此時可以開始購買工業金屬與能源相關金融商品，例如：股票、基金等，也能利用期貨或選擇權看好未來發展趨勢進行套利。

●原物料的供需

原物料的基本供需是影響原物料價格的一項重要指標，觀察原物料商品的供需情況，知道何時出現供大於求、供小於求、或供需平衡，是投資之前的必備工作。

◈ 原物料的供需觀察重點

分類	種類	供給面	需求面
貴金屬	黃金	• 全球基本供給量。 • 回收金的數量。 • 各國央行出售黃金數量。	• 全球基本需求量 • 各國黃金儲備量。
	白銀	中南美洲基本供應量。	全球基本需求量。
工業金屬		供應國的生產量。	景氣興衰。
能源	石油	OPEC 產國生產量。	全球需求量,尤其是新興國家的需求量。
	天然氣	天然氣有跨國運輸限制,因此主要來自於該國產量變化。	一般國內家庭、工業需求。
農產品	穀物	• 產國產量。 • 產國耕地變化。 • 季節性量產。	• 全球基本需求。 • 肉類價格高漲、或飼養家畜增加,皆會帶動股類需求。
	咖啡	• 巴西、越南、哥倫比亞供應量。 • 季節性量產。	• 歐美基本需求。 • 新興國家新增的需求。 • 冬天需求與夏天需求量間的變化。
	糖	• 產國產量變化。 • 季節性量產。	• 全球基本需求量。 • 巴西生質能源需求量。
	棉花	中國美國產量。	• 全球基本需求。 • 新興國家需求量。

●原物料的主要供需情報

原物料的供需資料可以在各個原物料協會、各國銀行、或大型投信投顧的產業報告中搜尋到。

◆ 農產品原物料的主要供需情報

原物料	機構	網址
穀類	美國農業部 （United States Department of Agriculture）	http://www.usda.gov/
咖啡	美國農業部 （United States Department of Agriculture）	http://www.usda.gov/
	國際咖啡協會 （International Coffee Organization）	http://www.ico.org/
糖	美國農業部 （United States Department of Agriculture）	http://www.usda.gov/
	國際糖協會 （International Sugar Organization）	http://www.isosugar.org/
棉花	美國農業部 （United States Department of Agriculture）	http://www.usda.gov/
	棉花展望報告 （Cotton outlook）	http://www.cotlook.com/

◆ 金屬原物料的主要供需情報

原物料	機構	網址
各種 貴金屬	Gold Field Mineral Service （金屬報告服務網）	http://www.gfms.co.uk/
黃金	World Gold Council （世界黃金機構）	http://www.gold.org/
	台灣銀行黃金日報 （Bank of Taiwan）	http://www.bot.com.tw/Gold/ GoldAnalyse/
白銀	The Silver Institute （白銀組織）	http://www.silverinstitute.org/
工業 金屬	American Bureau of Metal Statistics （美國工業金屬統計）	http://www.abms.com/
	World Bureau of Metal Statistics （世界工業金屬統計）	http://www.world-bureau.com/
銅	Scrap Price Bulletin （廢鋼價格網）	http://www.scrappricebulletin.com/
	International Copper Study Group （國際銅業組織）	http://www.icsg.org/
鋁	International Aluminium Institute （國際鋁業組織）	http://www.world-aluminium.org/

◆ 能源原物料的主要供需情報

原物料	機構	網址
能源	Organization of the Petroleum Exporting Countries（國際石油輸出國組織）	http://www.opec.org/opec_web/en/
	International Energy Agency（國際能源總署）	http://www.iea.org/

技術面

接著，需要了解技術面的判斷技巧。所謂技術面就是利用報表、線型圖的走勢，分析目前某檔原物料金融商品的價位是相對高點、或相對低點、價位是高還是低、是否還有成長空間。利用這些技術工具幫助投資人掌握目前的市場狀態。

● 分析移動平均線

每一種投資工具都有技術趨勢圖，分析方法也不同，尤其股票市場技術分析的工具更是不勝枚舉。雖然種類很多，但大體而言所有的投資工具都有一個移動平均線，只要好好觀察移動平均線，就可以找出變動脈絡。

波動方式

- **多頭趨勢**→短期趨勢線是領先指標，當多頭時，短期趨勢線會最先往上揚，接著為中期趨勢線，最後是長期趨勢線。 參見實例：①
- **空頭趨勢**→當短期趨勢線往下走時，就要小心投資策略，當中期、甚至長期趨勢線持續往下，表示空頭確立，不宜冒險投資。參見實例：②
- **盤整情況**→短期、中期、和長期趨勢線皆時上時下，尤其是短期平均線在一定的範圍內持續上漲下跌的波動，但並無明顯向上或向下趨勢，則為盤整階段，宜等待一段時間，待情勢明朗，再行投資。參見實例：③
- **狀況不明**→短期趨勢線突然急速上升或急速下跌，中期和長期趨勢尚未反應，此時更應等待，並蒐集市場訊息是否為突發的消息影響該原物料商品的價格。參見實例：④

實例①找出多頭趨勢起始點

當紅色短期平均線上升趨勢確定，並超越綠色中期平均線，而綠色中期平均線也逐漸上升時，表示多頭趨勢正漸漸明顯。當綠色中期平均線超越長期平均線、且逐漸向上，藍色長期平均線也逐漸呈現上漲趨勢時，多頭態勢確立，投資人可觀察入場。

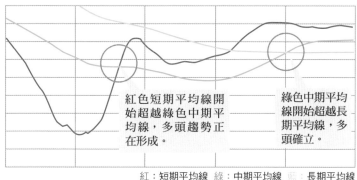

紅色短期平均線開始超越綠色中期平均線，多頭趨勢正在形成。

綠色中期平均線開始超越長期平均線，多頭確立。

紅：短期平均線　綠：中期平均線　藍：長期平均線

實例② 找出空頭趨勢起始點

同樣的，如果呈現空頭趨勢，紅色短期平均線會先往下走、下降幅度最快，接著綠色中期平均線跟著下跌和紅色短期平均線交叉後逐漸向下，此時空頭幾乎形成，最後是藍色長期平均線也往下和綠色中期平均線交叉後，逐漸向下，確認空頭。投資人看到這種趨勢時，除非是要以期貨、或選擇權做空，不然就要避免進場，或是盡快獲利了結。

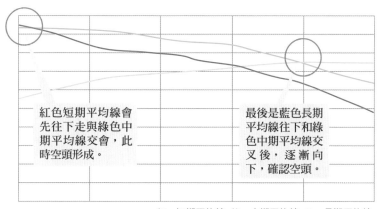

紅色短期平均線會先往下走與綠色中期平均線交會，此時空頭形成。

最後是藍色長期平均線往下和綠色中期平均線交叉後，逐漸向下，確認空頭。

紅：短期平均線　綠：中期平均線　藍：長期平均線

實例 ③找出盤整情況的趨勢

紅色短期平均線時而下跌，時而上漲，並與綠色中期平均線、藍色長期平均線穿插交錯，表示正在進行整理階段，此時股價漲漲跌跌，雖有小坡上升趨勢，卻馬上又下降，宜等待進場時幾點，或只從事短線操作。

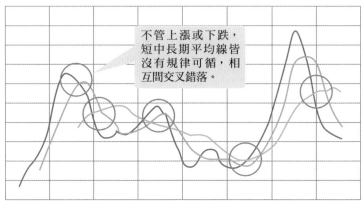

不管上漲或下跌，短中長期平均線皆沒有規律可循，相互間交叉錯落。

紅：短期平均線　綠：中期平均線　藍：長期平均線

實例 ④找出狀況不明的趨勢

所有平均線皆長期呈現上揚趨勢，紅色短期平均線卻在某一時間點突然反轉向下跌、且跌幅非常深，此時投資人要特別注意，由於狀況不明顯，宜等待時間觀察中期與長期平均線的發展，再決定是否空頭確立、或只是盤整階段。

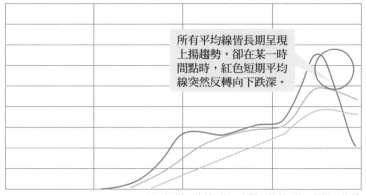

所有平均線皆長期呈現上揚趨勢，卻在某一時間點時，紅色短期平均線突然反轉向下跌深。

紅：短期平均線　綠：中期平均線　藍：長期平均線

真正最高與最低點不易掌握，所以投資人應該在短期與中期趨勢線交錯時，就該注意是否可以進場或是出場。

市場消息

　　無論是股票、基金還是期貨等，除了原物料本身的供需外，金融商品的價值同樣也會由金融市場供需雙方所決定。願意投資的人愈多、需求愈大，該項金融商品的價值會愈高。當投資的人減少時，表示需求減少了，該金融商品的價值也就會降低。因此，透過一些市面上的投資訊息，投資人可以掌握原物料金融商品的需求熱度。

● 集中度

可從大股東、外資、投信等法人機構進場的時機、以及持有比例做判斷。若大股東、外資等法人機構持有比例高、又集中於某些股票與基金、或買進大量期貨時，就表示該產業或產品未來趨勢看好，有成長空間。相對的，當他們開始出脫金融商品時，就需多加留意。

陷阱窓門　　當報章雜誌一片看好某些金融商品，但卻發現大股東與外資持續大量賣出時，投資人需注意這也許只是假消息，其實外資與大股東並不看好這些標的物。

● 媒體或市場討論

觀察目前報章媒體、投資市場正在討論的訊息、討論方式,若市場上充斥著好消息,投資氣氛也會熱絡,股價未來表現空間大。若充斥悲觀訊息,觀望者變多,金融商品也就不易出現好價位。列出這些市場面的訊息後,比較到底是利多消息多、還是利空消息多,以此評斷做決策。

> **陷阱竅門** 媒體市場的討論需要配合大戶股東或法人買進賣出記錄,或該產業體質與公司體質等的統一判斷,並不能一味聽信市場謠言就進場,才不會落入陷阱之中。

政策消息

政府的相關政策,往往會影響到原物料的生產、及市場對原物料金融商品的看法,常用的政策包括了利率、匯率,其他如農業政策、環境政策、黃金準備、石油庫存等,也都是重要的影響因素。

● 利率

政府

調升利率 → 投資人會選擇將資金存入銀行,賺取較高的利息收益。 → 民眾對原物料的投資需求降低。

調降利率 → 投資人會將資金投資在能保值的商品上,以對抗通貨膨脹。 → 民眾對原物料的投資需求增加。

以分類而言,利率對貴金屬和原油的影響非常大,對於農產品和工業金屬的影響力就相對較不顯著。

●匯率

匯率的參照基準是美元走勢，因為美元是世界上最主要的交易單位，當全世界不信任美金、或美元匯率走貶時，投資人就會開始追求美元以外的商品來規避風險。貴金屬因具有替代貨幣的概念，在美元貶值時，會被視為穩定的替代貨幣被大量買進，其中又以黃金、白銀最為明顯。

農產品　影響較小。主要影響是美元貶值使得進口肥料價格上漲，多少會推升農產品價格上漲。

貴金屬　影響很大。美元貶值，保值性貴金屬需求增加，導致價格上升。

工業金屬　影響較小。因為工業金屬主要與景氣循環有關。

石油　美元貶值造成生產者收到貶值的美元，相對收入少了，沒有多餘資金擴大生產，導致原物料產量縮減而價格上升。

天然氣　影響較小，主要因為石油價格上漲會間接造成天然氣價格上揚。

●政策改變

政策改變有著不同層面的影響，有的對原物料是利多消息，有的則是利空消息，須視政策內容本身的狀況而定。

提高黃金準備

當各國央行紛紛增加黃金購買數量時，就會推升金價的高漲。目前，中國與東南亞各國外匯儲備中，黃金的持有比例仍然不高，因此持續增加購買的機會很大，是一個顯而易見的趨勢。

提高石油準備或釋放儲油

這點與黃金相同，當大國開始增加石油準備時，就會推升石油價格的增加。而當美國開始釋放儲油，全球油價都會應聲下跌。

產國政策

政策包括土地使用方式的改變、環境政策、進出口政策改變等，會間接影響到原物料產量，這對農產品的影響最為顯著。

發生不可抗力因素時的市場判斷

　　無論是原物料市場或是金融市場，總是充斥著各種訊息，唯有從個訊息中截取有用的資訊，才能利於判斷價格趨勢。其中重要的資訊也包括了氣候、突發事件、戰爭等。

● 氣候

氣候因素的改變，造成農產品產量減少、或天然災害，造成農產損失、礦產場地崩壞、或毀損能源探勘設備等，氣候的因素往往會立即反映在原物料的價格走勢上。

另外，冬天時燃油需求增加，價格一般來說比夏季高，若當年度冬天特別冷時，價錢將會更近一步推升。

● 戰爭

並不是世界上每個地方發生戰爭或恐怖攻擊都會影響到原物料的價格，而是這些事件發生在產地國才會有影響。例如，中東是全世界最主要的石油產國，所以當中東發生戰爭、或是重大的恐怖攻擊時，石油價格就會暴漲，連帶著物價上漲，錢相對就變薄，使得黃金需求增加、黃金價格飆漲。

● 股市崩盤

股票市場的崩盤雖然對原物料股票、原物料基金等投資工具不是好消息，但卻會造成實體原物料的上漲，因此在這種期間，實體貴金屬是最好的投資標的物。

● 債務危機

當美國、歐洲等世界大國國債高築，有爆發債務危機的風險時，貴金屬的保值作用將再度彰顯，成為最大的受益者。

掌握原物料的布局時機與策略

投資人了解了原物料基本面與技術面的相關知識後，就可以開始布局進場時機，布局時機除了要掌握整體大環境與三大類原物料的漲跌脈絡外，若能精確掌握一些進場與出場的細節與技巧，就能將投資效益最大化。

隨著氣候布局

原物料的特點是有季節性，使得產量隨著季節增加或減少、或季節性的因素讓需求增加或減少。因此氣候布局是每年都可以操作的模式，尤其是農產品類的商品。

黃豆進場月	北半球 5 月～ 7 月＋南半球 11 月～隔年 1 月
玉米進場月	北半球 5 月～ 7 月＋南半球 11 月～隔年 1 月
棉花進場月	北半球 5 月～ 7 月＋南半球 11 月～隔年 1 月
小麥進場月	北半球 11 月～隔年 2 月＋南半球 5 月～ 8 月
咖啡進場月	北半球 11 月～隔年 2 月＋南半球 5 月～ 8 月
糖進場月	北半球 11 月～隔年 3 月＋南半球 5 月～ 9 月
天然氣進場月	北半球 11 月～隔年 3 月＋南半球 5 月～ 9 月
石油進場月	北半球 11 月～隔年 3 月＋南半球 5 月～ 9 月

當價格跌深時

投資人在投資金融商品時，都希望能買低賣高，獲取高額利潤。因此，當外部的利空消息衝擊下、或是暫時性的傳言干擾投資人的信心而造成價格下跌時，投資人可以觀察該原物料產品或是該公司的體質、成長性，若該公司整體價位表現不應該只有這樣，這時，就是投資這檔原物料金融商品的最佳時機點。當利空消息散去，價格便會應聲上漲，這時早已進場的投資人，將享有一筆不小的獲利。

例：假設有消息指出小麥今年量產過剩，造成當前小麥價格大幅下跌，小麥相關股票也因此下滑。

做法→確認一些小麥公司的體質，找到體質良好、前景看好的公司，趁低點時入場投資，待利空消息淡去，股價定會回升，便能在高點賣出獲利。

例：假設政府宣布將發展再生能源產業，但由於選舉後政黨輪替，讓該政策推遲執行，造成再生能源相關股票重挫。

做法→如果該公司體質良好、業績穩固，價格勢必反彈，此時暫時性的下跌就是投資人進場的好時機。

原物料新趨勢出現時

當原物料出現新需求、或新用途時，需求量就會增加，導致價格上揚。因此，投資人若能在新趨勢出現之初就進場投資，定能在原物料金融市場中獲得利潤。

當市場出現下列五項指標時，就是有新趨勢出現：

- 新技術會使用到的原物料。
- 政府宣布擴大儲備的原物料。
- 人口眾多、消費意識開始抬頭的國家。
- 媒體開始報導的原物料產業。
- 經濟環境轉變時，人民會囤積的原物料。

①以糖為例：

糖的栽種特性是連續增產 2 ～ 3 年，之後再連續減產 2 ～ 3 年，這是受耕地特性的影響。因此，在減產的年分糖價會比較高；若減產時又碰到需求大增，勢必推升價格。

②以鋼鐵為例：

中國與印度占全球 30 ～ 40％的兩大經濟體快速崛起，帶動原物料需求強勁，加上美元走弱，以美元報價為主的原物料相對便宜，讓這些國家購買力增強，加深原物料價格推升。

③以瓜爾豆為例：

因研究發現可製成水基壓裂液，來增加含油地層的滲透性，對頁岩石油的開採有顯著功效，讓原本低廉的瓜爾豆價格短短一年內翻漲 10 倍，被稱為新金砂，甚至還有專門交易所。而印度的瓜爾豆產量約占 80％，是最佳的投資市場。

農產品的布局策略

農產品中穀類多半是一年生的種類，今年歉收也許明年就會豐收，因此持續飆漲的行情並不會持續很久，價格較為穩定。因此，在布局策略上，可以注意生產週期較長的種類。當生長時間一拉長時，一旦供給趕不上需求，價格就會快速飆升，等到農民開始大量種植時，又造成供給大於需求，而形成波動大、且明顯的價格週期循環。

◆ 以農產品的生長週期來布局

分類	種類	收成所需時間	投資級數	買賣時重點提示
穀物	黃豆	4～5個月	初階	視供需是否平衡
	玉米	5～6個月	初階	視供需是否平衡
	小麥	3～10個月	初階	視供需是否平衡
油酯類	黃豆油	4～5個月	進階	視原始穀物成長情況
	棕櫚油	2.5～3年	進階	視原始穀物成長情況
	菜籽油	4～5個月	進階	視原始穀物成長情況
	芝麻油	4～5個月	進階	視原始穀物成長情況
軟性商品	咖啡	3～5年	進階	視種植國情勢
	可可	3～5年	進階	視種植國情勢
	糖	1.5～2年	初階	視種植國情勢
	棉花	5～6個月	初階	視供需是否平衡
	橡膠	5～8年	進階	視種植國情勢
牲畜類	活牛	5～6個月	進階	視需求面與替代品變化
	瘦豬	5～6個月	進階	視需求面與替代品變化

工業金屬的布局策略

工業金屬與景氣循環息息相關，因此，可以利用工業金屬的價格，來預測各個產業的景氣循環和金融市場大盤的表現。以下五種是使用最普及的工業金屬，以此來判斷與其相關的產業的市場好壞。

銅

用途 主要為電子和電機設備。

影響 銅的價格與整體景氣關係非常密切，但銅價的高點往往在股票市場高點之後，是一個反應較慢的金融商品。因為，消費大眾是在景氣繁榮確定後，才會多購買電子商品，此時帶動電子設備產業，造成價格上漲。

進場 購買時機點最好為股票相對高點時進場。

鋁

用途 主要使用在食品包裝還有運輸工具，如飛機、汽車的材質等運輸業。

影響 當運輸工業開始蓬勃發展時，鋁價就會應聲上漲。

進場 當留意到國家準備發展運輸、飛機汽車等運輸產業時，就是鋁的相關金融商品的進場時機。

鉛

用途 主要用於汽車的蓄電瓶。

影響 主要需求與汽車工業的發展情況息息相關。

進場 當發現車市需求強勁、或看好未來車市，就可以準備進場布局。

白金（鉑和鈀）

用途 雖然是貴金屬，但與工業金屬的特性較相近，主要用在汽車工業的觸媒轉換器、及部分電子工業設備上。

影響 可以特別觀察運輸等航空、汽車工業。

進場 與鋁進場時機相同。

鋅、鎳

用途 主要為建築的鋼材。

影響 房地產的發展將與此兩種金屬價格有密切的關係。

進場 在房地產市場熱絡時，是進場的好時機。

INFO 個別工業金屬須關注個別產業

基本上，工業金屬進場時機都在景氣循環的中期，但不同金屬的相關產業景氣循環波段會有些微差異，例如，並非每次景氣好時，運輸業都會看好，這會隨國家狀況而不同，因此，不同種類的工業金屬就須視不同產業概況而定。

能源的布局策略

　　能源的特性是，當原油價格上漲時，無論何種種類的油品，價格都會上漲、且幅度差異不大。另外，新能源的部分，無論是何種再生能源，目前價格都仍高於傳統油價。油價飆漲時，因市場預期新能源能替代石油，因此新能源相關產業也會應聲上漲。此外，還需注意各國的補助政策，往往補貼的變化，也會左右這些產業的漲跌。

產量

觀察 石油產油國產量的改變。

影響 當石油輸出組織宣布增產時，石油價格會上漲。相對地，宣布減產時，油價也會應聲下跌。

進場 這些消息的釋出，是投資人可以進場或出場的參考時機點。

儲備

觀察 經濟大國是否提高石油準備或釋放儲油。

影響 當經濟大國開始增加石油準備時，就會推升石油價格，反之則下跌。例如當美國開始釋放戰備儲油時，全球油價都會應聲下跌。

進場 緊盯經濟大國的油品政策，可做為投資人進場或出場的參考。

美元

觀察 美元升值或貶值。

影響 美元為基準貨幣，因此當美元貶值時，會讓生產者收到貶值的美元、收入相對變少，造成沒有多餘資金擴大生產，導致產量縮減而價格上升。

進場 當美元開始貶值也是進廠購買原油金融商品的時機點。

替代能源

觀察 石油價格。

影響 當油價大幅下跌時，大家對再生能源就不重視了，因此該價格也會下跌。相反的，油價上漲，替代能源價格也會上漲。

進場 當原油價格開始上漲，就是投資人進場買替代能源商品的好時機。

天然氣

觀察 石油產國產量的改變。

影響 天然氣與原油有連動關係，所以影響層面與變化關係可以藉由觀察石油價格得知。

進場 投資人決定進場或出場的時機點與石油相同，主要為石油產量、儲備與美元升貶。

217

進場布局時的迷思

最後，投資時總是會有一些盲點，讓投資人做出錯誤判斷而導致錯失進場時機。在此列出三點最容易犯的錯誤與其修正方法，適用於各種原物料金融商品、投資環境，讓投資人做為投資時的理性判斷的依據。

1 美元計價商品優先考慮

迷思 投資人常因想分散風險，而投資不同幣值計價的原物料商品。但因原物料商品以美元計價居多，不是美元計價的市場，通常交易量小、且容易被操控。

修正 選擇美元計價的原物料商品比較保障，除了美國市場以美元計價外，倫敦、杜拜、或新加坡的交易市場也有部分商品是以美元計價。

2 遵守自己的獲利目標

迷思 原物料的整體趨勢很重要，布局時一定要相信目前的市值、營收成長、趨勢漲跌、市場資訊是否熱門等因素。

修正 投資一定要有紀律，理性判斷目前價格是否符合自己設定的獲利水準，懂得適時停損、停利才是重點。

3 反向投資

迷思 投資個性是一觀察到市場氛圍、或受資訊刺激就要馬上進場投資者。

修正 當你察覺你的投資策略很容易受到外在影響做出錯誤判斷時，可選擇反向操作。當市場過度集中在某些原物料商品時，先不進場投資；當市場看壞，大家紛紛退場時，再冷靜觀察目前趨勢，選擇可投資標的。

如何設定停損、停利點？

很多投資人在價格高時，捨不得退場，在價格低時，又不甘心退場，徘徊在這種不確定情況中，導致誤判退場時機。因此，選出適合自己的標的物、找到好的進場時機、進場前做好停利點與停損點規劃、並在達到停利或停損點時出場，才是理性的投資計畫。

百分比停損、停利法

百分比停損、停利的做法是，當獲利或虧損已達到設定的百分比時，獲利了結或認賠退出。

實例 小新以 30 元股價買進一張茂迪股票，將報酬率設在 10%、虧損不要超過 8%，則小新在股價上漲與下跌到多少錢時退場？

- 停損點＝進場股價 ×（1 －停損百分比）
    ＝ 30×（1 － 8%）
    ＝ 27.6 →股價下降到此立即出場
- 停利點＝進場資金 ×（1 ＋停利百分比）
    ＝ 30,000 ×（1 ＋ 10%）
    ＝ 33 →股價上漲到此立即出場

+10% ● 停利點
● 買價 30 元
-8% ● 停損點

百分比的設定建議

在設定停損、停利點時，許多投資人常會因要設定多少百分比較為合理而困擾。若是設定了一個目前市場趨勢不可能到達的點、或是設定的點可能到達，但投資時間遠超過設定目標，就形同虛設了。因此，在此提供設定停損、停利點的準則給投資人參考。

保守型投資人→應該將投資金額的3％～5％設定為停利或停損的關鍵比例。
穩健型投資人→則應該把投資金額的5％～10％設定為停利或停損的關鍵。
積極型投資人→則可以將停損或停利點設在投資金額的10％以上。

絕對金額停損、停利法

將停損、停利點以虧損或獲利的金額做為基準，只要交易虧損或獲利金額達到預定金額就立即退場。

絕對金額的設定建議

絕對金額設定會因投資金額不同而異，因此，投資人可依照自己投資屬性（保守、穩健、積極）為基準，換算出每次設定的停損、停利的金額。

保守型投資人→將投資金額×3％～5％＝停利、停損金額。
穩健型投資人→應該把投資金額×5％～10％＝停利、停損金額。
積極型投資人→可以把投資金額×10％以上＝停利、停損金額。

移動平均線停損、停利法

以移動平均線位置做為停損、停利價，當跌破時就立即退場。均線可以採取五日、十日或月均線，視個人喜好而定，天期愈長支撐愈強勁。做法是，以每日的最高價位畫出壓力線、每日的最低價畫出支撐線。而支撐線與壓力線的相對位置，就是股價的漲跌力道，支撐線代表需求集中的區域，有潛在的買進力道；壓力線則是供給集中的區域，當價格達到該區域時，有潛在賣出力道。

支撐點公式	今日最低價＜昨日收盤價，則今日支撐點＝今日最低價 今日最低價≧昨日收盤價，則今日支撐點＝昨日收盤價
壓力點公式	今日最高價＞昨日收盤價，則今日壓力點＝今日最高價 今日最高價≦昨日收盤價，則今日壓力點＝昨日收盤價

實例 下圖是股票市場中以 5 日平均移動線畫出的支撐與壓力區，當紅線支撐線在綠色壓力線上方，即圖下方的黃色區域，代表支撐大於壓力，表示股價上升支撐強勁，潛在買進者多，適合進場。當綠色壓力線在紅線支撐線上方，圖下方的藍色區域，則代表壓力大於支撐，表示股價下跌壓力沉重，潛在賣出者多，應要立即出場。當兩條線交叉時，投資人就應該立刻注意未來動向，藉以判定是否該出場或進場。

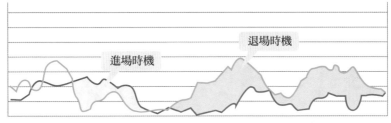

紅：支撐線 綠：壓力線

支撐跟壓力價位如何設定

依照投資屬性，愈是保守的投資人，所使用的支撐線就要愈短期。因為日期愈短，變動程度愈快，反應時差小，損失會較少。

保守型投資人→可使用五日平均線，當支撐線＜壓力線時立刻退場。

穩健型投資人→可利用十日平均線，當支撐線＜壓力線時立刻出場。

積極型投資人→可利用月平均線，當支撐線＜壓力線時就是出場時機點。

7
Chapter

進場後的管理

　　進場投資時，投資標的的管理紀律攸關著投資計畫成功與否。不管進場時是獲利還是虧損，投資過程中何時出場、何時加碼買進、是否該持續持有，在本章皆有詳細說明。

本篇教你

- ⊘ 投資獲利的資訊管道
- ⊘ 持有期間的行情觀察指標
- ⊘ 出場訊號的解讀
- ⊘ 獲利時的最佳做法
- ⊘ 虧損時的最佳做法

如何得知賺賠？

想了解持有的原物料金融商品的獲利情況，可以從目前淨值得知。也就是說，觀察投資商品淨值的變化，就能知道目前是獲利還是損失的狀態。投資商品的淨值可以從及時報價系統與對帳單兩個部分得知。

即時報價系統

即時報價系統基本上可從三種管道得知，分別為報紙、經辦機構、網路。

報紙

報紙中的財經版會有關於股票、基金等投資商品的訊息，但因報紙篇幅有限，多半只會刊登熱門的投資商品。

經辦機構

投資人可以透過電話、或親自到現場詢問金融商品的淨值，此為最快速的方法。

網路

除了透過經辦機構的專門看盤軟體外，還有許多理財相關網站都可以查詢到商品淨值。

目前券商的網路報價平台都已建構得非常完善，即使是買賣國外金融商品，也有提供中文下單介面。另外，還有提供包括市場評論和研究報告、即時滾動報價等資訊，投資人可即時追蹤自己的投資商品，把握交易時機。

對帳單

除了透過即時報價系統來了解投資盈虧外，想更仔細了解持有商品的交易細節與投資概況，就必須參照對帳單。一般來說，投信、投顧、券商或代銷機構通常會在固定時間，如每月、每季或每半年寄發對帳單，有開網路戶頭的投資人，也會另有網路對帳單。

對帳單中羅列非常多資訊，持有金融商品不同，呈現的方式也略有不同，但無論是何種金融商品，投資人必須特別留意的部分皆有：

● **個人資料**：仔細核對自己的姓名、住址等資料無誤。
● **日期**：分為製表日期與基準日兩種。製表日期為製表寄送的日期，基準日則為金融商品該日的投資價格。
● **名稱**：投資人所投資的原物料金融商品名稱。
● **單位數**：投資人所持有的單位數，須核對是否與當初購買數相同。
● **投資金額**：當初投資的金額，不含手續費部分。
● **參考價格**：以基準日為依據的參考淨值。
● **預估價格**：若投資人在基準日當天贖回或賣出該商品，其市場總價值＝預估價格－投資金額，以此計算盈虧。
● **報酬率**：投資人在基準日當天贖回，所獲得的報酬率。計算方式為（賣出金額－投資金額）／投資金額×100%。

INFO　不管紙本還是電子帳單都一樣安全可靠

為保護投資大眾、與避免券商的不當行為，現行法規規定，券商應於每月10日以前，寄發月對帳單給投資人核對明細，以利及早發現更正或處理。不過，投資人若因個人因素，不願收到紙本對帳單，可以親自到券商營業處所、或以電子簽章同意書申請，經券商受理後，即可改以電子郵件方式寄送每月對帳單。但規定電子郵件寄送的對帳單仍須加簽加密，確保投資人的交易資料安全無虞。

持有期間的行情該如何觀察？

買進原物料金融商品後，該持有多久時間，該在何時賣出，是一門很重要的學問。因為這時間點關係到投資標的的獲利情況，投資人要能在最佳時機出場、或達停損停利點就適時出場，才會讓投資效益達到最大值。因此，持有期間該注意哪些訊號、與其所代表的意義，投資人都需要學習。

每天掌握價格變動

　　但無論何種金融商品，不可能永無止境持續上揚，通常在行情過熱時就會逆勢下跌、盤整。因此，在持有金融商品的時間，投資人需要每天留意持有的原物料金融商品價格波動情況。

可對照歷史價格最高點與最低點來看：

①**短期高點**：若投資人發現該金融商品的價格已經接近一年以來的新高點，投資人需謹慎留意，之後價格也許會開始下跌。

②**中長期高點**：若價格已經接近三年來的新高點，甚至是從來不曾出現過的歷史高點，則除非有特別利多的訊息支撐，否則價格就是過熱的警訊，即使投資人未達到停利點，最好也先立即出場、獲利了結，再觀察市場走勢，判斷另一次投資機會。

③**要不要加碼**：若走勢如預期到達停利點後仍持續上漲，則建議先獲利了結，因為來到預期價格，應嚴守獲利出場。但若在未達到停利點前，投資人觀察盤勢後仍認為未來會繼續上漲，則可將原先想投資的一筆金額分次小幅加碼買進，分攤風險。

④**要不要再進場**：若出場後投資人仍認為短期內價格還有攀升的機會，則必須採取小額多次進場的方式，慢慢買進入場，但仍建議若平均線呈現盤整或有向下趨勢，就別進場，先觀察一陣子再說。

⑤**短期低點**：若走勢不如預期，雖未達停損，但投資人已觀察到短
　　　　　期、中期平均線都已經往下，則可先停損賣出，待趨勢向
　　　　　上時再進場。

⑥**中長期低點**：若平均線預期長期價格都是呈現下跌趨勢，則為多空
　　　　　市場，此時投資人應該選擇可以多空操作的投資工
　　　　　具，或是選擇其他未來趨勢較好的原物料標的。

實例　圖為德盛安聯農業基金的近 5 年走勢圖，以此區間來說明投資人在進場
後觀察到價格變動的處理方式：

① 價格來到短期新高點，此後價格可能會開始下跌，短線操作的投資人要小心之後價格下跌，盡快將持有的金融商品賣出。

② 若價格接近中長期高點，又或者到達歷史新高，必須留意可能會有需求過熱的現象，價格會開始盤整或下跌，此時應盡快將基金贖回。

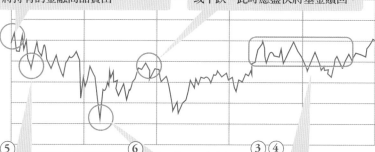

⑤ 價格到達短期低點，投資人須馬上觀察短期、中期平均線走勢，若已有向下趨勢，則趕緊停損賣出。

⑥ 以中長期投資來看，價格已經來到中長期低點，代表多空確定，此時應先將基金贖回，再選擇可多空操作工具來投資。

③④ 若投資後價格雖然持續徘徊在高點，但一直處於盤整階段，此時需再仔細觀察，看是否要直接停利出場，還是出場後再以小額分批加碼方式進場投資。

時時注意大環境的變化

投資人可以藉由各主要研究機構、大型投資公司發布的經濟成長率預測，來判斷未來大環境的變化，確保景氣走向符合原先預期，或偏差正在形成中，以利掌握先機做因應。

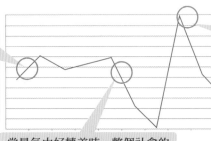

當景氣初步回升或由谷底回升時，是投資原物料商品的最佳投資時間點。

當景氣過熱或是開始轉差時，也就是投資人賣出投資商品的時機點。

當景氣由好轉差時，整個社會的經濟力會由熱趨緩，消費者消費力道逐漸低落，企業獲利減少，交易市場漸趨冷淡，最後金融商品價格應聲下跌。

觀察重點	變化	影響時間 （短、中、長）	操作方法
原物料需求 當需求多時，表示企業或商品獲利增加，前景看好。反之，需求減緩，表示前景看壞。	↑	短～中	金融市場價格上揚，尚未進場的投資人可以小額多次進場，已經進場的投資人則可以趁勢加碼。
	↓	短～中	金融市場勢必會走跌，建議要進場的投資人先觀望再決定進場時機。而已持有該原物料金融商品的投資人必須適時地賣出金融商品。
原物料價格 原物料價格是直接影響金融市場的因素，原物料價格上漲，購買量會減少；價格下跌，購買量會增加。	↑	短～中	金融市場容易走跌，投資人應先觀望再決定是否進入市場。而已經持有的投資人則需適時地出場。
	↓	短～中	金融市場價格上揚，建議未進場的投資人可以小額多次進場，而已經進場的投資人則可以趁勢加碼。

經濟成長力 原物料需求的國內經濟成長力會影響原物料商品的整體需求。	↑	長	金融市場價格上漲，但因經濟成長影響為長期趨勢，因此投資人可以放心進場，即使小幅回擋也無需擔心，整體大趨勢仍是持續向上。
	↓	長	金融市場價格下跌，但因經濟成長影響為長期趨勢，因此投資人需謹慎小心，整體經濟力下滑，金融市場必定趨勢向下，不宜貿然進場。
失業率 失業率會直接影響國家的經濟成長、以及購買意願。	↑	長	失業率提高造成經濟成長力下滑，而金融市場價格必定有長期下跌的趨勢，因此投資人需謹慎小心，不宜貿然進場。
	↓	長	失業率下跌，經濟成長可能提高，因此投資人可以放心進場持有，即使小幅回擋也無需擔心，整體大趨勢仍是持續向上。
物價指數 物價指數會直接影響國家的經濟成長、以及購買意願。	↑	短、中、長	物價指數升高，短期購買力降低，長期經濟成長遲滯。因此投資人需謹慎小心，若預期整體經濟力下滑，金融市場必定趨勢向下，不宜貿然進場。
	↓	短、中、長	物價指數降低，短期購買力提高，長期經濟動能有可能推升，投資人可以放心進場。

投資標的物的實力變化

通常金融商品價格會上揚，最直接的影響因素就是金融商品的公司與原物料商品還在持續獲利、或是未來仍具有獲利潛力，使得市場上樂於持有該項金融商品，推升其價格。因此，投資人持有該項金融商品期間，需要持續觀察其獲利能力與獲利趨勢，以判斷持有商品的時間。

☞ 觀點重要

1. 觀察生產公司的持續獲利率、毛利率的變化

- 獲利率上升或持平→觀察其毛利率狀況→毛利率上升，表示可以購入該金融商品；毛利率下降，應該再多觀察一段時間。
- 如果獲利率下降→不適宜購買該金融商品。

2. 觀察金融商品連結的原物料商品需求量

- 如果需求量上升→可購買該原物料金融商品。
- 如果持平→若預期需求穩定、且量大就可以購買；若已經持平一小段時間，則應該再觀察。
- 如果需求量下降→不宜貿然購買該原物料的金融商品。

3. 觀察實體原物料商品的需求量

- 當市場對於該原物料的消費量增加，還要再觀察生產該原物料的公司獲利表現如何。
- 如果獲利率上升或持平→再觀察其毛利率狀況→毛利率上升，表示可以購入該金融商品；毛利率下降，應該再多觀察一段時間。
- 如果獲利下降→表示公司體質有問題，不宜購買。

實例 小英持有貝萊德世界黃金基金 3 年了，最近想贖回，但因為 2008 年次貸危機造成金價持續上揚，讓他十分猶豫是否要現在贖回，此時小英該如何判斷該金融商品的前景，決定是否停利出場呢？

STEP 1 首先，了解基金的持股對象與比例

先從基金的公開說明書中了解貝萊德世界黃金基金的主要持股對象，包括：

投資對象	占比
① RANDGOLD RESOURCES LTD. ADS	8.77%
② FRANCO NEVADA CORP	8.48%
③ GOLD CORP INC（加拿大黃金公司）	7.42%
④ FRESNILLO PLC	6.68%
⑤ ELDORADO GOLD CORPORATION	5.99%

STEP 2 觀察主要投資對象的財務報表

通常只要是上市公司不管國內、外每年都會發布相關的財務資訊。下圖為該基金投資占比最高的①RANDGOLD RESOURCES LTD. ADS這三年度的損益情況。由圖可以得知，該公司近幾年獲利情況愈來愈好、且獲利（收入、毛利、純益都大幅增加）大幅成長。除了①RANDGOLD RESOURCES LTD. ADS外，②③公司的占比也很高，也應該一一檢視其獲利情況，以確保這支基金的未來績效的正確性。

年度損益表	今年	前一年	前二年
營業收入 Net Sales or Revenue	1,317.83	1,127.08	505.88
營業成本 Cost of Goods Sold	515.52	450.34	270.10
營業毛利 **Gross Profit**	802.30	676.74	235.78
研發費用 Research & Development Expenses	40.64	43.92	11.08
管銷費用 Selling & Administrative & Depr. & Amort. Expenses	5.43	10.92	50.20
折舊與攤銷費用前淨利 **Income before Depreciation & Amortization**	756.22	621.89	174.49
折舊,消耗與攤銷費用 Depreciation, Depletion, Amortization	171.74	82.06	28.12
營業外收入 Non-Operating Income	-15	-51.11	-0.11
利息費用 Interest Expense	1.20	3.59	1.10
稅前利益 **Pretax Income**	568.29	485.13	145.15
預估所得稅 Provision for Income Tax	57.51	51.69	24.52
少數股東權益 Minority Interest	0	0	0
投資利益 (損失) Investment Gains/Losses (+)	0	0	0
其他收入 (費用) Other Income/Charges	0	0	0
特殊費用與營運中斷費用前利益 **Income Before Extraordinaries & Disc.Operation**	510.78	433.43	120.63
特殊費用與營運中斷 Extras Items & Discontinued Operations	0	0	0
純益 **Net Income**	510.78	433.43	120.63

STEP 3 評估整體趨勢

接著,再觀察金融商品連結的原物料(黃金)商品需求與供給的情況,進一步判斷:

> 經濟衰退、美元降息造成黃金的需求量急速上升,從供給面來看,該生產黃金的公司收益確實也增加,而市場上無重大利空消息(美元升值、景氣訊號轉強…等),因此,可以預見黃金在未來一段時間內仍會呈現上漲的走勢。

STEP 4 判斷結果

小英可以再等待一段時間,因為目前趨勢看來,黃金價格應該還有機會攀升,小英可以等金價來到下一個高點再決定是否贖回。當然,現在要贖回也是可以的,畢竟嚴守停利點才能讓獲利不被未來的不確定因素所侵蝕。

金融商品績效

當該檔原物料金融商品在該產業中的相對表現開始下滑,甚至表現比大盤差時,投資人就需要注意它的表現狀況,並適時賣出。通常一檔好的金融商品價格會相對較穩定、且價格是同類型中的龍頭

實例 以元大寶來全球農業商機基金為例,好的金融商品績效,應持續在短、中、長期間均維持在同類型產業中的前幾名,尤其是最近一段時間內的績效更值得注意。

	自選	基金名稱	幣別	日期	淨值	三個月%(原幣)	三個月%(台幣)	+/-指數%	+/-組別%	基金組別	組別排名
三個月	☐	聯昌永晶全球神農水資源基金	新台幣	2014-12-10	9.57	2.00	2.90	-2.31	2.94	產業股票-農產品	1/9
	☐	元大寶來全球農業商機基金	新台幣	2014-12-10	16.81	1.76	1.76	-3.45	1.80	產業股票-農產品	2/9
	☐	富邦典種頭基金	新台幣	2014-12-10	10.41	0.87	0.87	-4.34	-0.45	產業股票-農產品	3/9
	☐	德盛德東DWS全球神農基金	新台幣	2014-12-10	11.05	0.36	0.36	-4.85	0.40	產業股票-農產品	5/9
	☐	德盛安聯全球農業趨勢基金	新台幣	2014-12-10	10.16	-0.49	-0.49	-5.70	-0.45	產業股票-農產品	6/9

	自選	基金名稱	幣別	日期	淨值	六個月%(原幣)	六個月%(台幣)	+/-指數%	+/-組別%	基金組別	組別排名
六個月	☐	德盛安聯全球農業趨勢基金	新台幣	2014-12-10	10.16	5.39	5.39	0.54	6.39	產業股票-農產品	1/9
	☐	聯昌永晶全球神農水資源基金	新台幣	2014-12-10	9.57	0.21	0.21	-4.64	1.20	產業股票-農產品	3/9
	☐	元大寶來全球農業商機基金	新台幣	2014-12-10	16.81	-0.71	-0.71	-5.56	0.29	產業股票-農產品	5/9
	☐	富邦典種頭基金	新台幣	2014-12-10	10.41	-1.05	-1.05	-5.90	-1.04	產業股票-農產品	6/9
	☐	德盛德東DWS全球神農基金	新台幣	2014-12-10	11.05	-2.56	-2.56	-7.41	-1.56	產業股票-農產品	7/9

一年	自選	基金名稱	型別	日期	淨值	一年%(原幣)	一年%(台幣)	+/-指數%	+/-組別%	基金組別	組別排名
	☐	德盛安聯全球農金趨勢基金	新台幣	2014-12-10	10.16	14.67	14.67	-0.70	7.94	產業股票 - 農產品	1/9
	☐	瀚亞永昌全球神農水資源基金	新台幣	2014-12-10	9.57	9.37	9.37	-6.00	2.64	產業股票 - 農產品	2/9
	☐	德盛遠東DWS全球神農基金	新台幣	2014-12-10	11.05	8.33	8.33	-7.04	1.60	產業股票 - 農產品	3/9
	☐	富邦農糧精選基金	新台幣	2014-12-10	10.41	3.79	3.79	-11.58	-3.74	產業股票 - 農產品	6/9
	☐	元大寶來全球農業商機基金	新台幣	2014-12-10	16.81	3.07	3.07	-12.31	-3.67	產業股票 - 農產品	7/9

六年	自選	基金名稱	型別	日期	淨值	三年%(原幣)	三年%(台幣)	+/-指數%	+/-組別%	基金組別	組別排名
	☐	瀚亞永昌全球神農水資源基金	新台幣	2014-12-10	9.57	8.52	8.52	-3.47	1.00	產業股票 - 農產品	2/9
	☐	德盛安聯全球農金趨勢基金	新台幣	2014-12-10	10.16	8.48	8.48	-3.51	0.96	產業股票 - 農產品	3/9
	☐	德盛遠東DWS全球神農基金	新台幣	2014-12-10	11.05	6.45	6.45	-5.54	-1.07	產業股票 - 農產品	6/9
	☐	富邦農糧精選基金	新台幣	2014-12-10	10.41	6.35	6.35	-5.64	-1.17	產業股票 - 農產品	7/9
	☐	元大寶來全球農業商機基金	新台幣	2014-12-10	16.81	4.80	4.80	-7.19	-2.72	產業股票 - 農產品	9/9

市場訊息

　　通常市場上出現不確定訊息的時候，會直接影響投資人的信心與意願，造成金融商品價格波動。即使只是未經證實的訊息，也會影響短期間內的價格，在未達提損停利點前，投資人需要特別留心。

政治因素

例如　選舉、政黨等變數，都會影響該國的政經局勢。如果政治議題造成投資人信心變化，也會影響該市場的原物料商品價格。

做法　通常暫時的政治因素，只會有短期的影響。此時，尚未進場的投資人，宜先觀望，待局勢明朗後再決定。已經進場的短期投資人，若是暫時性的利多，若超過停利點，則可考慮獲利了結。若暫時性利空，則可適時出場，等待回檔。長期投資人，則無需太過緊張，長期而言，金融市場會再恢復原本的趨勢。

政策因素

例如　財政政策、貨幣政策、農產品檢驗政策、礦產開採政策等，都是影響原物料金融商品市場的利多或利空因素。

做法　政策實施前，常因不確定實施時間，或實施後的影響程度，因此總會有一些風向球的聲浪，當投資人得知該風向球訊息，如果是十分重大的利空，短期投資人可考慮先賣出持有的金融商品，若是中長期持有的投資人，則可以先觀望再做判斷。

天災人禍

例如　戰爭、地震、風災等災害不但對於經濟造成衝擊，也影響到投資人信心。

做法　這些不確定因素經常造成金融市場的價格大跌，但市場往往在超跌後出現長期投資的價值，這是因為災後需要中長期的基礎建設所致。因此，天災人禍發生之際，短期投資人應該出場、或到停損點後再出場，待超跌盤整過後，等待新的投資機會。而長期投資人則可以等待，因為時間拉長後，大盤會再回到原先的趨勢、又或是有新的行情出現。

停利點出場

當持有的金融商品獲利時,多數投資人都會觀望、且希望自己能守到最高點時賣出。但投資市場難以預測,因此正確做法是,投資人在價格到達停利點後,立即賣出結算,再重新檢視進場的機會重新布局,如此才能確保獲利、減少拉長持有時間所面臨的投資風險。

到達停利點就要出場

依據投資人的預設報酬、及可承擔的風險能力來設定停利點,當到達投資人預設的獲利點或停損點時,投資人就應該立即退場。

實例　阿祥一年前以五萬元買了一檔富蘭克林天然資源資金,而目前獲利點已達到當初設定 20%來到六萬元,但現在市場上仍有許多利多消息釋出,尤其是美國頁岩油開採順利,使得能源類金融商品漲幅可期,因此阿祥仍在猶豫到底該不該出場呢?

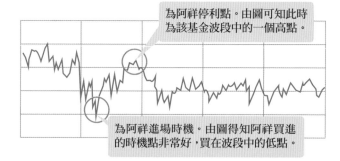

為阿祥停利點。由圖可知此時為該基金波段中的一個高點。

為阿祥進場時機。由圖得知阿祥買進的時機點非常好,買在波段中的低點。

結論　既然已經達到投資人設立的停利點 20%,就應該遵守設定,將手中持有的基金賣出。若是極度看好漲勢,可以多等幾天,等走勢一有反轉趨勢時立刻賣出。出場後,阿祥仍看好未來能源前景的話,可採取小額分次入場的方式,分攤大盤可能下跌或盤整的風險。

INFO 市場行情過熱的回檔威力

如果投資的原物料金融商品行情已超過歷史高點,或是短期內的高點,投資人需注意是否有回檔的變化、或回檔後是否會再攀升。通常需視該檔原物料是否持續有利多行情。此外,若整體金融市場過熱、且非單項金融商品,便需要注意大盤的回檔力道,因為大盤回檔的力道較深、也較強勁。

我應該加碼嗎？何時加碼？

　　加碼，是指投資的金融商品未來走勢極度看好之下，再原本資金下，再追加一筆資金到同一檔金融商品中。基本上考量加碼的時機，應該是在到達停利前，如果已經到達停利，都應該先出場，如果想再投入同一商品的話，需另做布局。判斷該不該加碼、以及何時加碼，可以這樣做：

確認持有的金融商品未來極度看好

例如：需求面持續強勁、政府釋放利多（例如關稅、補貼）、公司訂
　　　單增加快速

↓

強勁走勢下屢創波段新高

例如：三個月內創新高兩次以上，且短期趨勢線持續往上

↓

確認未到過熱，後續走勢仍可期待

例如：利多消息並非短期，而是長期趨勢、且法人持續加碼。

↓

(OK) 三個推論都成立，則加碼進場。加碼幅度依手中持有金額，每次
　　　約10～15％，採多次進場。

(NO) 只要上述推演過程中有一個項目沒有符合，就不加碼。等待到達
　　　停利點，獲利出場。

INFO 到達停利點時走勢仍強的應變之道

當投資的金融商品走勢達到停利點後仍有強勁走勢時，按投資人紀律，必須獲利了結出場。但也並不表示沒有彈性因應之道，投資人可以考慮這樣做：

1. 在強勁走勢繼續之下，一旦創下歷史新高→沒有二話一定得出場。
2. 一旦走勢反轉→毫不留戀出場。

不過，這種情形極度考驗人性貪念，請務必嚴格自我要求。

停損點出場

買進原物料金融商品後,若價格下跌,甚至出現比買進價格更低的狀況時,通常投資人都會持續等待,並認為會再反彈至更好的行情。但是這段期間是不能預測,也無法確認價格是否真的會漲到比購買時更好的價格。因此,唯有嚴格遵守停損點,投資人才能減少虧損。

到達停損點就要出場

當價格已經到達投資人所設的停損點,無論如何都必須立即出場,切勿觀望,只有立即止血,並尋找更好的投資標的、或等待更好的時機點,才是理性的投資決策。

實例 小惠以五萬元買進一檔 ING 原物料能源投資資金,購買後一路下滑,目前停損點已達到當初設定 10%來到四萬五,小惠認為該檔基金目前價格已從底部反彈,但因目前全球經濟景氣前期不明,使得油價長期趨勢尚不明朗、仍處於不上不下的盤整階段,因此小惠想要賭一把等到趨勢上升後再獲利了結。

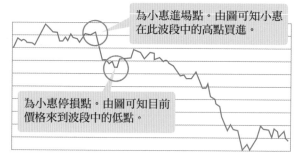

為小惠進場點。由圖可知小惠在此波段中的高點買進。

為小惠停損點。由圖可知目前價格來到波段中的低點。

結論 小惠應該嚴守一到停損點立即認賠出場。畢竟目前能源趨勢的前景不明,繼續等待只會擴大虧損,此時小惠應該理性出場,等待盤勢確定後,再重新布局進場。

進場後走勢翻轉怎麼辦？

當尚未達到停損點，但一進場後走勢便直轉急下，如果投資人尚不急著用錢，可以繼續保留、觀望，或是轉換成其他投資標的、或其他類型的金融商品，繼續投資尋求進一步的收益。轉換其他類型的金融商品時，可以改選ETF或基金等穩定、保守型商品，等待下一個進場的好時機。

情況①　➠　• 手中金融商品的前景不佳。　➠　100% 轉換到其他金融商品。
　　　　　　• 目前有更好的投資標的。

情況②　➠　• 手中投資商品的前景不佳。　➠　100% 轉換到穩定型金融商品。
　　　　　　• 尚無觀察到更好的投資標的。

情況③　➠　• 不確定手中金融商品的前景。　➠　100%轉到其他金融商品。
　　　　　　• 有更好的投資標的。

情況④　➠　• 不確定手中金融商品的前景。　➠　轉移 30% ～ 50％至其他金融商品。
　　　　　　• 有可能還不錯的投資標的。

情況⑤　➠　• 不確定手中金融商品的前景。　➠　等待前景明朗。
　　　　　　• 不確定其他投資標的。

情況⑥　➠　• 持有的金融商品前景看好。　➠　危機入市，可以考慮加碼投資。
　　　　　　• 不確定其他投資標的、或尚無觀察到更好的投資標的。

> 不管賺錢還是賠錢，投資人都應該相信自己對市場的判斷，再修正每一次投資過程中的疏漏，減少隱藏的風險。在幾次的經驗累積下，一定會得出有用的投資心法。

8
Chapter

計算損益、練功
準備下一次出發

真正成功的交易，必須仰賴後續的追蹤與檢討。
因此，完成了一次原物料的投資後，還要檢視整個
投資過程，才能在下次投資中改善。唯有確實檢討
每一次的投資過程，才能正確地累積投資經驗。

本篇教你

- ⊘ 計算整體投資的損益
- ⊘ 計算整體投資的報酬率
- ⊘ 檢核整體的投資計畫

計算損益與投資報酬

當買進的原物料金融商品價格上漲愈多，投資報酬就愈高，換句話說，商品淨值成長幅度愈大，獲取的利潤就愈高。投資人除了從對帳單可看到投資損益情況外，如果想進一步了解收益狀況，自己還是必須知道如何計算損益的方法。

實例 陳媽媽在去年投資美元計價的『德勝安聯礦業基金』，投資金額為台幣 30,000 元，購得 60.33 單位的基金，申購手續費為 3%，這檔基金這一年來配息一次，共配得 309 元。今年時淨值為 24.37，匯率為 30.12，陳媽媽賣出這檔基金將賺得多少錢。

STEP 1 算出目前收益

• 淨值賺賠＝（目前持有單位數 × 目前單位淨值 × 目前匯率）－ 投資成本

$$＝（60.33×24.37×30.12）－ 30,000$$
$$＝ 44,283.692 － 30,000$$
$$≒ 14,284（元）$$

> 若是購買海外原物料金融商品就需要折算回台幣損益，這時也要將匯率考慮進來，投資國內原物料金融商品就無需計算此部分。

STEP 2 計算投資費用

• 投資費用＝手續費＋管理費＋保管費…等
$$＝ 30,000×3\%$$
$$＝ 900（元）$$

計算出最後投資損益

- 投資損益＝淨值賺賠＋利息收入－投資費用
  = 14,284 + 309 － 900
  = 13,693（元）

計算投資報酬率

- 投資報酬率＝投資損益／投資成本 × 100%
  = 13,693 ／ 30,000 × 100%
  = 45.64%

每種投資工具的管理費用、手續費用都不盡相同，國內、外市場也有所差異，投資人在投資前，需要詳細閱讀說明書了解費用如何計算，才會讓利潤都被相關費用給侵蝕。

應扣稅額

　　應扣稅額會依照投資國家的不同而有差異，由於與最後獲利有直接關係，投資前一定要事先確認。

國內投資

- 民國一〇二年開始投資台股的境內基金等金融商品，在賣出台股時，會被證券商代扣證所稅，也就是說買賣台股基金等金融商品有間接課徵證所稅。
- 另外，投資的國內金融商品若有配息、且配發的利息部分是來自國內投資收益，則須依各類所得扣繳率標準扣繳。

國外投資

- 自民國九十九年起，海外所得納入最低稅負，只要海外投資利得與配息達到新台幣六百萬元者，海外所得的部分就須繳納基本稅額。

（1）一般所得稅＝綜合所得稅（B）

（2）基本稅額＝$\left[\left(\begin{array}{l}\text{綜合所得淨額＋特定保險給}\\\text{付＋非現金捐贈扣除額＋私}\\\text{募證券投資信託基金的受益}\\\text{憑證＋海外所得（A）}\end{array}\right) - 600\ 萬\right] \times 20\% = C$

（3）情況①：B ≧ C →繳納 B
      情況②：B ＜ C →繳納 C

INFO **投資海外市場的國內金融商品如何課稅？**

海外所得的課稅標準是以「註冊地」來區分，不是金融商品的投資國家。因此，有些金融商品雖然是投資海外市場，但若受益憑證是在台灣發行，便屬於「國內」（不論計價幣別）而適用國內的課稅標準。但金融商品的配息部份，只要投資標的在海外（包括香港），配息所得就須列入海外所得稅。海外所得只要超過新台幣 100 萬元就必須申報，超過 600 萬就要繳稅。

實例 鄭金在美國有存款 200 萬美金，去年 12 月他將 200 萬美金買進國外的白銀 ETF、並於今年 12 月賣出，交易價格如下，則 ETF 獲利為？假設鄭金今年綜合所得總額為 300 萬，而且目前單身、無房貸也不需要撫養親人，那麼今年申報所得金額又是多少？

標的	投資時的價格	今年現況	ETF 利息收入
去年 12 月買進國外白銀 ETF。	買進價格為每單位 1 美元，購得 100 萬單位。	賣出 100 萬單位，賣出價格為每單位 1.1667 美元。	20,000 美金

（註：假設外幣兌換匯率，美元對台幣為 30：1）

綜合所得總額	免稅額	扣除額	特別扣除額	級距稅率	累進差額
3,000,000	85,000	187,000	0	30%	365,000

（註：以民國 102 年申報規定設定）

STEP 1　計算海外所得金額

海外財產交易所得

- 淨值賺賠＝（目前持有單位數 × 目前單位淨值 × 目前匯率）－
　　　　　投資成本
　　　＝（1,000,000×1.1667×30）－
　　　　（1,000,000×1×30）
　　　＝35,001,000 － 30,000,000
　　　＝5,001,000（台幣）

利息所得

- 利息收入＝美元利息收入 × 匯率
　　　　＝ 20,000×30（匯率）
　　　　＝600,000（台幣）

結論→海外所得總額 ＝ 淨值賺賠＋利息收入 ＝ 5,601,000

STEP 2　計算綜合所得稅額

- 綜合所得稅額＝（綜合所得總額－免稅額－扣除額－特別扣除額）
　　　　　　　 × 級距稅率－累進差額
　　　　＝（3,000,000 － 85,000 － 187,000）×30%－
　　　　　365,000
　　　　＝2,728,000×0.3 － 365,000
　　　　＝453,400（B）

STEP 3　計算最低稅負（基本稅額）

- 基本稅額＝（綜合所得淨額＋特定保險給付＋非現金捐贈扣除
　額＋私募證券投資信託基金的受益憑證＋海外所得）－ 600 萬
　×20%
　　　　＝〔（2,728,000+0+0+0+5,601,000）－ 600 萬〕
　　　　　×20%
　　　　＝465,800（C）

註：所得淨額 ＝ 所得總額－免稅額－扣除額－特別扣除額

STEP 4　評估結果

由於綜合所得稅額（B）453,400 ＜基本稅額（C）465,800，所以應納基本稅額 465,800 元

檢視投資過程，
為下一次投資做準備

每次投資無論是賺錢或賠錢，都應該審慎地檢討整個投資的流程，了解自己投資時的優缺點，還有最適合自己的投資方法。檢視的流程可分為進場前、進場時、出場後、獲利狀況四個部分進行審核。投資人自行測驗，如果符合檢視項目，圈選「是」就可以得到一分，積分愈多，就表示執行過程愈佳。

STEP 1.
檢視投資人是否經過深思熟慮後，才選定投資標的物與進場時機，並非盲目投資。

STEP 2.
檢視投資人在持有原物料金融商品的過程中，有沒有持續關注市場行情，隨市場變動的脈絡做出正確的判斷。

STEP 3.
檢視投資人是否嚴守出場規律、及做好出場後的準備功課。

STEP 4.
計算分數、核對自己在每個階段的表現。分析導致本次投資獲利與損失的原因。

階段	檢核過程	是或否
進場前	是否有具備好原物料金融商品的特質	是、否
	是否在該項原物料較佳的時機點進場	是、否
	是否有專家推薦	是、否
	是否為績效表現較佳的金融商品	是、否
	是否有選擇較佳的中介公司	是、否
	總分：	
過程	是否搜尋足夠的資訊	是、否
	是否做過初步的分析	是、否
	是否詳細閱讀金融商品說明書與規範	是、否
	是否觀察淨值的變化	是、否
	是否研究過績效的評比狀況	是、否
	總分：	
出場	是否嚴守停損點與停利點	是、否
	是否了解該項金融商品未來趨勢	是、否
	是否了解目前價位的合理性	是、否
	是否了解目前經濟環境變化走勢	是、否
	設定的承受風險是否合理	是、否
	總分：	
獲利情況	投資時間	
	獲利金額	
	報酬率	

實際檢核

　　傑克在新聞中察覺新興國家對小麥等原物料需求很大，十年間上漲約30％以上，積極型的傑克當下立刻買進美國小麥選擇權，成交價為300點（每一點200元）、原始保證金9萬元、維持保證金6萬元，當日收盤結算價為400點，隔天九月十一日在盤中500點時傑克就趕緊賣出（平倉）了，整個交易過程之保證金及損益情形如下：

- 9/30 日損益淨值＝（前天收盤價－成交價）× 每一點金額
  ＝（400 － 300）×200
  ＝ 20,000

- 9/30 日保證金淨＝原始保證金＋當日損益淨值
  ＝ 90,000 ＋ 20,000
  ＝ 110,000

- 9/31 日損益淨值＝（平倉價－前天收盤價）× 每一點金額
  ＝（500 － 400）X 200
  ＝ 20,000

- 9/31 日保證金淨值＝前一日保證金淨值＋當日損益淨值
  ＝ 110,000 ＋ 20,000
  ＝ 130,000

- 總結交易損益＝ 130,000 － 90,000 ＝ 4 萬（此次投資獲利）
- 投資報酬率＝（投資損益／投資成本）×100％
  ＝（40,000 ／ 90,000）×100％
  ＝ 44.44％

245

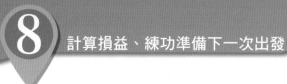
階段	檢核過程	是或否
進場前	是否有具備好原物料金融商品的特質	是 否
	是否在該項原物料較佳的時機點進場	是 否
	是否有專家推薦	是 否
	是否為績效表現較佳的金融商品	是 否
	是否有選擇較佳的中介公司	是 否
		總分：4分
過程	是否搜尋足夠的資訊	是 否
	是否做過初步的分析	是 否
	是否詳細閱讀金融商品說明書與規範	是 否
	是否觀察淨值的變化	是 否
	是否研究過績效的評比狀況	是 否
		總分：1分
出場	是否嚴守停損點與停利點	是 否
	是否了解該項金融商品未來趨勢	是 否
	是否了解目前價位的合理性	是 否
	是否了解目前經濟環境變化走勢	是 否
	設定的承受風險是否合理	是 否
		總分：3分
獲利情況	投資時間	短期（1天）
	獲利金額	4萬
	報酬率	44.44%

自我評量：

- 我只是偶然在新聞中看到小麥原物料的需求強勁，就急著入場投資，對於產品資訊、標的內容標示與表現都沒有做功課，這點必須要改善，不然我很有可能一天之中就賠光所有保證金，下次投資時最好先多做一些市場調查再進場。

- 我每天都有留意市場的漲跌變化，但因沒有仔細布局進場時間、確認投資標的，所以才會一察覺上漲就立即賣出。

- 我雖然有隨時關心市場走勢，但從頭到尾都沒有設定停損、停利點，所以看到指數一上漲的第二天立刻賣出，雖然賺取了豐厚的利潤，但實屬投機，下次一定要先設定停損、停利點再進行投資，否則萬一趨勢不如預期，就不知該如何因應了。

- 這次出場時間十分倉促，僅一天就獲利了結，這種短期投資方式非常沒有紀律，下次要再重新規劃改正。

◆ **政府機關**

單位名稱	地址	網址
中央銀行	10066 台北市中正區羅斯福路一段 2 號	http://www.cbc.gov.tw
金融監督管理委員會證券期貨局	10652 台北市大安區新生南路 1 段 85 號	http://www.sfb.gov.tw/ch/

◆ **證券相關單位**

單位名稱	地址	網址
（財）中華民國證券暨期貨市場發展基金會	10066 台北市中正區南海路 3 號 9 樓	http://www.sfi.org.tw/
（財）團法人中華民國證券櫃檯買賣中心	10084 台北市中正區羅斯福路二段 100 號 15 樓	http://www.gretai.org.tw/ch/index.php
（財）證券投資人及期貨交易人保護中心	10542 台北市民權東路三段 178 號 12 樓	http://www.sfipc.org.tw
中華民國證券投資信託暨顧問商業同業公會	10459 台北市中山區長春路 145 號 3 樓	http://www.sitca.org.tw/
中華民國證券商業同業公會	10663 台北市大安區復興南路二段 268 號 6 樓	http://www.csa.org.tw/
	80143 高雄市前金區七賢二路 398 號 2 樓	
中華信用評等	11049 台北市信義區信義路五段 7 號 49 樓	http://www.taiwanratings.com
中華經濟研究院	10672 台北市大安區長興街 75 號	http://www.cier.edu.tw
台北金融研究發展基金會	10045 台北市中正區衡陽路 51 號 6 樓之 6	http://www.tff.org.tw
台灣金融研訓院	10088 台北市中正區羅斯福路三段 62 號	http://www.tabf.org.tw/Tabf/
	40704 台中市西屯區臺灣大道四段 1727 號	
	80049 高雄市新興區中山一路 308 號 4 樓	
台灣期貨交易所	10084 台北市中正區羅斯福路二段 100 號 14 樓	http://www.taifex.com.tw/
台灣集中保管結算所	10543 台北市松山區復興北路 363 號 11 樓	http://www.tdcc.com.tw
台灣經濟研究院	10461 台北市中山區德惠街 16-8 號	http://www.tier.org.tw/

| 台灣證券交易所 | 11049 台北市信義路五段 7 號 3 樓、9 ～ 12 樓 | http://www.twse.com.tw/ch/ |
| 證券專業圖書館 | 10066 台北市中正區南海路 3 號 9 樓 | http://libsvr.sfi.org.tw |

◆ 相關投資資訊網站

單位名稱	網址
Money DJ 理財網	http://www.moneydj.com
Smart Net 智富網	http://www.smartnet.tw/
Yahoo 奇摩股市	http://tw.stock.yahoo.com
中時理財網	http://money.chinatimes.com/
今週刊	http://www.businesstoday.com.tw/
元大寶來證券	http://www.yuanta.com.tw/index.htm
日本社團法人投資信託協會	http://www.toushin.or.jp/
金融時報（Financial Time）	http://www.ft.com/home
美國投資公司學會（ICI）	http://www.ici.org
美國證券管理委員會（SEC）	http://www.sec.gov/
英國惠譽國際（Fitch）	http://www.fitchratings.com
香港投資基金公會（IFA）	http://www.hkifa.org.hk/chi
香港證券監督委員會（SFC）	http://www.sfc.hk/sfc/html/TC/
商業週刊	http://www.businessweekly.com.tw
晨星（Morningstar）	http://www.morningstar.com
彭博社（Bloomberg）	http://www.bloomberg.com
路透社（Reuters）	http://www.reuters.com
鉅亨網	http://www.cnyes.com.tw
標準普爾（S&P）	http://www.standardandpoors.com/en_AP/web/guest/home
穆迪信用評等（Moody's）	http://www.moodys.com
聯合理財網	http://money.udn.com/
證券資訊整合資料庫「證基會—資訊王」	http://www.sfi.org.tw/newsfi/intdb/menu/FirstPage.asp

◆ 主要代辦金融機構

單位名稱	全省據點	網址
大眾綜合證券	新北、台北、桃園、台中、台南、高雄、屏東、台東	http://www.tcsc.com.tw/z/z00.htm
大慶證券	基隆、新北、台北、桃園、新竹、台中、台南、高雄	http://www.tcstock.com.tw/
中國信託綜合證券	新北、台北、桃園、新竹、台中、嘉義、台南、高雄	http://www.win168.com.tw/
元大寶來證券	基隆、新北、台北、宜蘭、花蓮、桃園、新竹、苗栗、台中、彰化、南投、雲林、嘉義、台南、高雄、屏東、金門	http://www.yuanta.com.tw/pages/homepage/Security.aspx?Node=3ebfd711-ea07-417f-8723-83d73ebaa4ac
元富證券	基隆、新北、台北、宜蘭、花蓮、桃園、新竹、台中、彰化、南投、雲林、嘉義、台南、高雄、屏東	http://www.masterlink.com.tw/services/contact/national_locations.aspx
日盛證券	新北、台北、宜蘭、花蓮、桃園、新竹、苗栗、台中、彰化、雲林、嘉義、台南、高雄、屏東、金門	http://www.jihsun.com.tw/JssFHCWebNet/
台中商業銀行	新北、台北、桃園、新竹、苗栗、台中、彰化、南投、雲林、嘉義、台南、高雄	https://www.tcbbank.com.tw/
台新綜合證券	基隆、新北、台北、宜蘭、花蓮、桃園、新竹、台中、彰化、雲林、嘉義、台南、高雄、屏東	http://www.tssco.com.tw/default.jsp
台銀綜合證券	台北、新竹、台中、台南、高雄	http://www.twfhcsec.com.tw/Pages/Index.aspx
台灣土地銀行	基隆、新北、台北、桃園、新竹、苗栗、台中、彰化、南投、雲林、嘉義、台南、高雄、屏東、澎湖、金門、宜蘭、花蓮、台東	http://www.landbank.com.tw/default.aspx
台灣工銀證券	台北	http://www.ibts.com.tw/e-web/
台灣中小企業銀行	基隆、新北、台北、宜蘭、花蓮、桃園、新竹、苗栗、台中、南投、彰化、雲林、嘉義、台南、高雄、屏東、台東、金門	http://www.tbb.com.tw/wps/wcm/connect/TBBInternet
永豐金證券	新北、台北、桃園、宜蘭、新竹、台中、彰化、南投、雲林、嘉義、台南、高雄、屏東	http://www.sinotrade.com.tw/
玉山綜合證券	新北、台北、桃園、新竹台中、嘉義、台南、高雄	http://www.esunsec.com.tw/index.asp
兆豐證券	新北、台北、桃園、新竹、台中、彰化、雲林、台南、高雄	http://www.emega.com.tw/

合作金庫證券	基隆、台北、桃園、新竹、台中、彰化、嘉義、台南、高雄	http://www.tcfhc-sec.com.tw/
亞東證券	新北、台北、桃園、新竹、台中、台南、高雄	http://www.osc.com.tw/
滙豐（台灣）商業銀行	新北、台北、桃園、新竹、台中、彰化、台南、高雄	https://www.hsbc.com.tw/1/2/home_zh_TW
國泰綜合證券	新北、台北、宜蘭、桃園、新竹、苗栗、台中、彰化、嘉義、台南、高雄、屏東、台東	https://www.cathayholdings.com/securities/
第一金證券	基隆、新北、台北、宜蘭、桃園、新竹、苗栗、台中、彰化、南投、雲林、嘉義、台南、高雄、屏東、花蓮、台東、澎湖	http://www.ftsi.com.tw/
統一綜合證券	基隆、新北、台北、宜蘭、桃園、新竹、台中、彰化、嘉義、台南、高雄、屏東、金門	http://www.pscnet.com.tw/
KGI 凱基證券	基隆、新北、台北、桃園、宜蘭、新竹、苗栗、台中、彰化、雲林、嘉義、台南、高雄、屏東、台東	http://www.kgieworld.com.tw/Index/Index.aspx
富邦綜合證券	基隆、新北、台北、宜蘭、桃園、新竹、苗栗、台中、彰化、雲林、嘉義、台南、高雄、花蓮、台東	https://www.fubon.com/securities/home/
渣打國際商業銀行	新北、台北、桃園、宜蘭、新竹、苗栗、台中、彰化、南投、嘉義、台南、高雄	https://www.sc.com/tw/
華南永昌綜合證券	基隆、新北、台北、宜蘭、桃園、新竹、苗栗、台中、彰化、雲林、嘉義、台南、高雄、屏東、台東	http://www.entrust.com.tw/
陽信證券	台北	http://www.sunnysec.com.tw/
新光證券	台北、新竹、台中、台南、高雄	https://www.skis.com.tw/oeya/register.aspx
群益金鼎證券	台北、宜蘭、桃園、新竹、苗栗、台中、彰化、嘉義、台南、高雄、屏東	https://www.capital.com.tw/
彰化商業銀行	基隆、新北、台北、宜蘭、花蓮、桃園、新竹、苗栗、台中、彰化、南投、雲林、嘉義、台南、高雄、屏東、台東	https://www.chb.com.tw/wcm/web/home/index.html
德信綜合證券	新北、台北、台中、台南	http://www.rsc.com.tw/
聯邦商業銀行	新北、台北、新竹、台中、嘉義、高雄	http://www.ubot.com.tw/

國家圖書館出版品預行編目 (CIP) 資料

圖解第一次投資原物料就上手 / 陳育珩，易博士編輯部合著.
-- 初版 .-- 臺北市：易博士文化，城邦文化出版：家庭傳媒城邦
分公司發行，2015.01
　　面；　公分 . -- (Easy money；66)
ISBN 978-986-6434-72-3 (平裝)

1. 商品期貨 2. 期貨交易 3. 投資
563.534　　　　　　　　　　　　　　　　103024699

Easy money 系列　

圖解第一次投資原物料就上手

作　　　　者／陳育珩、易博士編輯部 合著
總　　編　　輯／蕭麗媛
業　務　副　理／羅越華
企　畫　提　案／蕭麗媛
企　劃　執　行／潘玫均
企　劃　監　製／蕭麗媛
視　覺　總　監／陳栩椿

發　　行　　人／何飛鵬
出　　　　版／易博士文化
　　　　　　　城邦文化事業股份有限公司
　　　　　　　台北市中山區民生東路二段 141 號 8 樓
　　　　　　　電話：(02) 2500-7008　傳真：(02) 2502-7676
　　　　　　　E-mail：ct_easybooks@hmg.com.tw
發　　　　行／英屬蓋曼群島商家庭傳媒股份有限公司城邦分公司
　　　　　　　台北市中山區民生東路二段 141 號 11 樓
　　　　　　　書虫客服服務專線：(02) 2500-7718、2500-7719
　　　　　　　服務時間：週一至週五上午 09:30-12:00；下午 13:30-17:00
　　　　　　　24 小時傳真服務：(02) 2500-1990、2500-1991
　　　　　　　讀者服務信箱：service@readingclub.com.tw
　　　　　　　劃撥帳號：19863813
　　　　　　　戶名：書虫股份有限公司
香港發行所／城邦（香港）出版集團有限公司
　　　　　　　香港灣仔駱克道 193 號東超商業中心 1 樓
　　　　　　　電話：(852) 2508-6231　　傳真：(852) 2578-9337
　　　　　　　E-mail：hkcite@biznetvigator.com
馬新發行所／城邦（馬新）出版集團【Cite (M) Sdn. Bhd.】
　　　　　　　41, Jalan Radin Anum, Bandar Baru Sri Petaling,
　　　　　　　57000 Kuala Lumpur, Malaysia
　　　　　　　電話：（603）9057-8822　傳真：（603）9057-6622
　　　　　　　E-mail：cite@cite.com.my

美　術　編　輯／廖婉甄
封　面　構　成／廖婉甄
插　　　　畫／Debby
製　版　印　刷／凱林彩印股份有限公司

■ 2015 年 01 月 15 日 初版 1 刷
ISBN 978-986-6434-72-3

定價 350 元　HK $117

城邦讀書花園
www.cite.com.tw